westermann

Heinz Frisch, Erwin Lösch, Thomas Megele

Zerspanungsmechanik
Lernfelder 9 bis 13

Lernsituationen, Technologie, Technische Mathematik

Lösungen

3. Auflage

Bestellnummer 42142

Zusatzmaterialien zu Titel

Für Lehrerinnen und Lehrer:

Lösungen zum Arbeitsheft: 978-3-427-42144-3
Lösungen zum Arbeitsheft Download: 978-3-427-42143-6

westermann GRUPPE

Die Seiten dieses Arbeitshefts bestehen zu 100 % aus Altpapier.

Damit tragen wir dazu bei, dass Wald geschützt wird, Ressourcen geschont werden und der Einsatz von Chemikalien reduziert wird. Die Produktion eines Klassensatzes unserer Arbeitshefte aus reinem Altpapier spart durchschnittlich 12 Kilogramm Holz und 178 Liter Wasser, sie vermeidet 7 Kilogramm Abfall und reduziert den Ausstoß von Kohlendioxid im Vergleich zu einem Klassensatz aus Frischfaserpapier. Unser Recyclingpapier ist nach den Richtlinien des Blauen Engels zertifiziert.

Druck und Bindung: Westermann Druck GmbH, Braunschweig

ISBN 978-3-427-**42142**-9

Inhaltsverzeichnis

Lernfeld 9

Lernfeld 10

Problemstellung:

Welche Eigenschaften werden von den Laufbahnen und Wälzkörpern eines Wälzlagers verlangt?

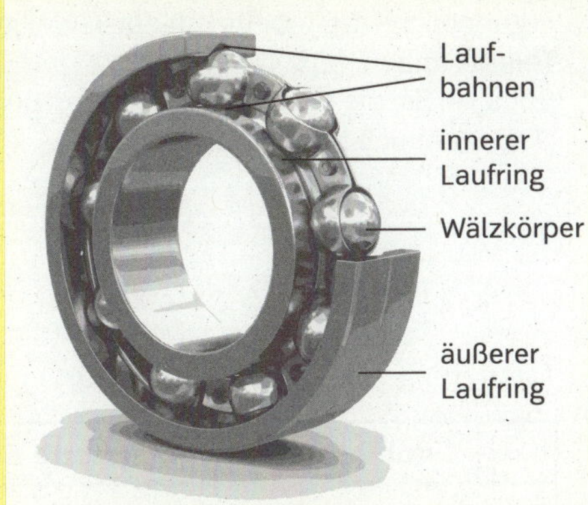

Stellen Sie Vermutungen an,
- mit welchen Produktionsverfahren diese Eigenschaften erreicht werden können und
- wie man kontrollieren könnte, ob die Wälzlagerteile die geforderten Eigenschaften aufweisen.

A Gestaltabweichung

① Welche grundsätzlichen Arten der Gestaltabweichung unterscheidet man?

ideale Gestalt	tatsächliche Gestalt	Bezeichnung der Gestaltabweichung	Ursachen der Gestaltabweichung
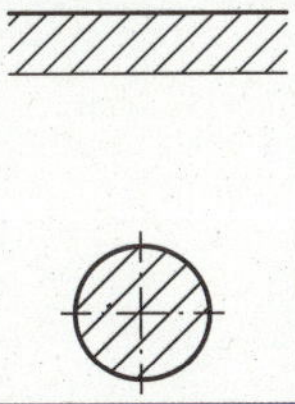	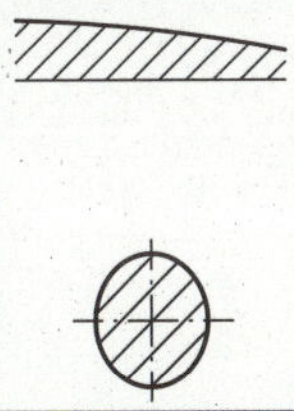		

	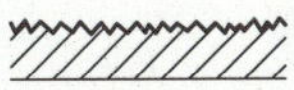		

② Das Oberflächenprofil, das von Prüfgeräten ermittelt wird (≙ Ist-Profil oder P-Profil), enthält zunächst alle Arten der Gestaltabweichung: Formabweichung, Welligkeit, Rauheit.

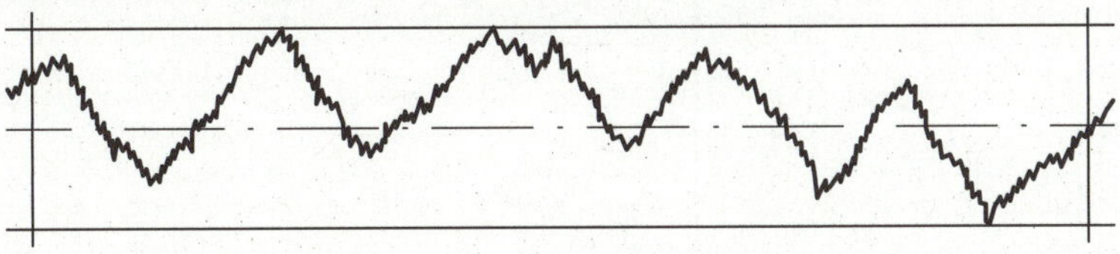

Ist-Profil
(P-Profil ≙ **P**rimärprofil)

Übertragen Sie – frei Hand – nur die Welligkeit aus dem Ist-Profil.

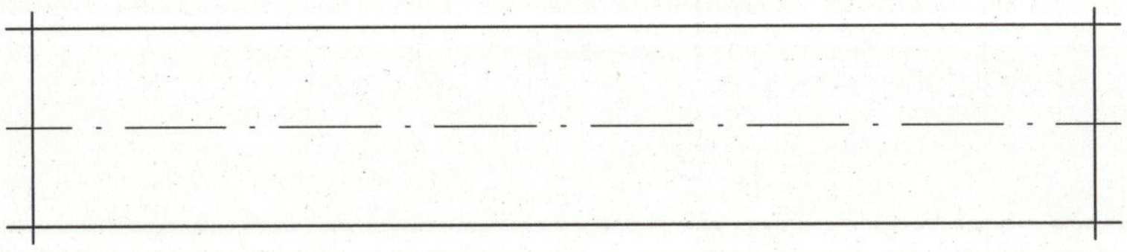

Welligkeitsprofil
(W-Profil)

Welche Formabweichung deutet dieses Welligkeitsprofil an?

B Geometrische Tolerierung (DIN EN ISO 1101)

① Ergänzen Sie die Tabelle mit den jeweiligen geometrischen Tolerierungen.
Erklären Sie die beiden dargestellten Beispiele ausführlich.
(Tabellenbuch benutzen!)

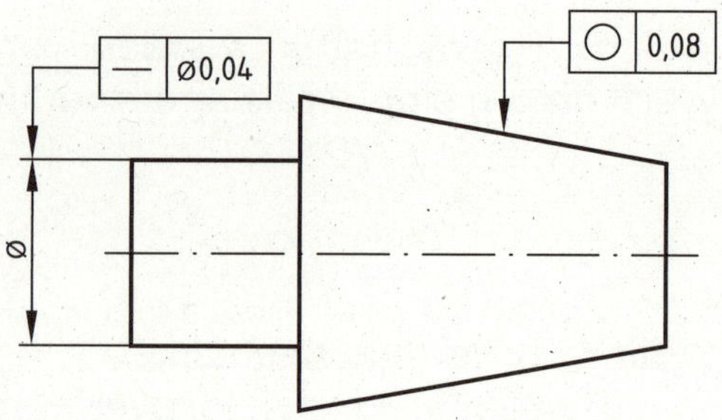

Tolerierung von Form, Richtung, Ort und Lauf:

	Sinnbild	tolerierte Eigenschaft	Sinnbild	tolerierte Eigenschaft
Formtoleranzen	⏤	Ausführliche Erklärung:	○	Ausführliche Erklärung:
	▱		⌭	
	⌒		⌓	
Richtungstoleranzen	∥		⊥	
	∠			
Ortstoleranzen	⌖		◎	
	⌯			
Lauftoleranzen	↗		⌰	

② Tragen Sie jeweils die geforderten geometrischen Tolerierungen normgerecht ein. (Tabellenbuch benutzen!)

a) Die Achse des Exzenterzapfens muss parallel zur Achse der Welle liegen; sie darf von dieser nur innerhalb eines gedachten Zylinders mit 0,05 mm Durchmesser abweichen. Zudem muss die Mantelfläche des Zapfens zwischen zwei gedachten koaxialen Zylindern mit 0,08 mm Abstand liegen.

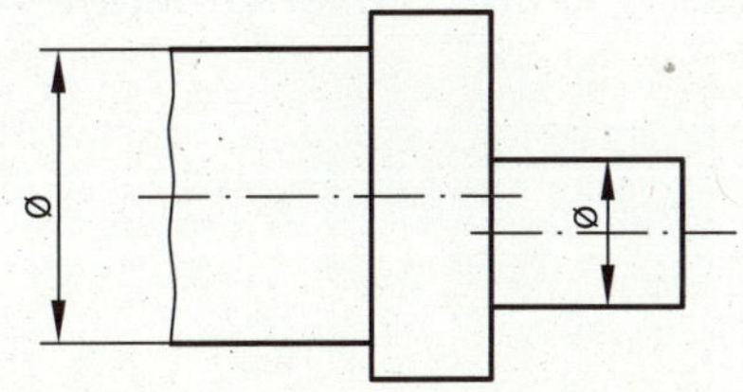

b) Die untere Führungsfläche muss zwischen zwei gedachten parallelen Ebenen mit 0,07 mm Abstand liegen. Die schräge Fläche muss zwischen zwei gedachten parallelen Ebenen mit 0,2 mm Abstand liegen, die im theoretisch genauen Winkel von 30° zur unteren Fläche geneigt sind.

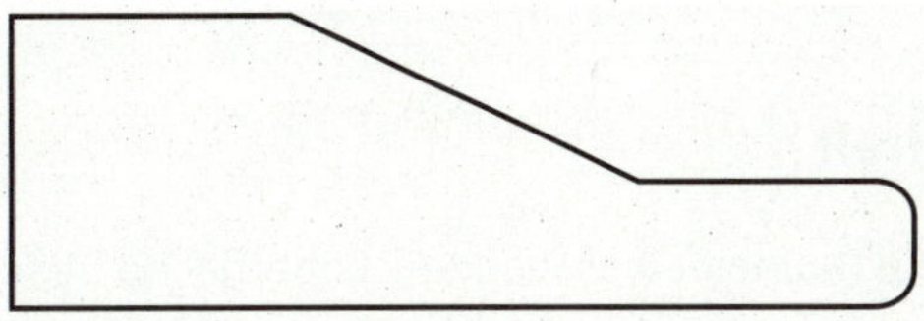

c) Bei Drehung der Welle um die Achsen der beiden Lagerzapfen darf die Mantelfläche der Riemenscheibe in jeder Messebene senkrecht zur Achse eine Rundlaufabweichung von höchstens 0,1 mm haben.

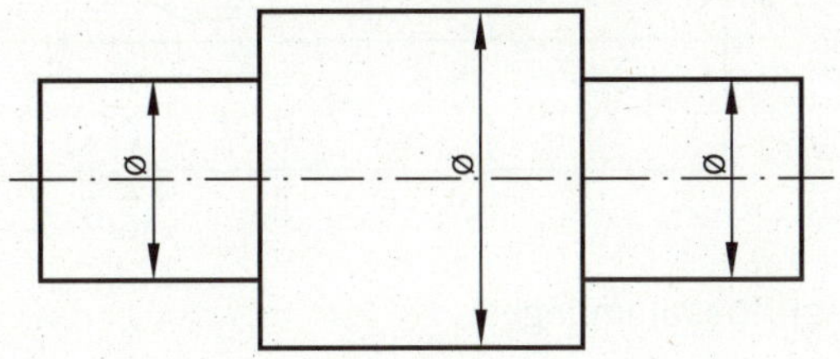

d) Die Bohrungsachse muss von den beiden Bezugskanten jeweils einen theoretisch genauen Abstand von 15 mm haben; sie darf von diesen Bezugskanten nur innerhalb eines gedachten Zylinders mit 0,1 mm Durchmesser abweichen. Zudem ist die Rechtwinkligkeit der linken Bezugskante zur unteren Kante so toleriert, dass die linke Bezugskante zwischen zwei gedachten parallelen Ebenen mit Abstand 0,2 mm liegen muss.

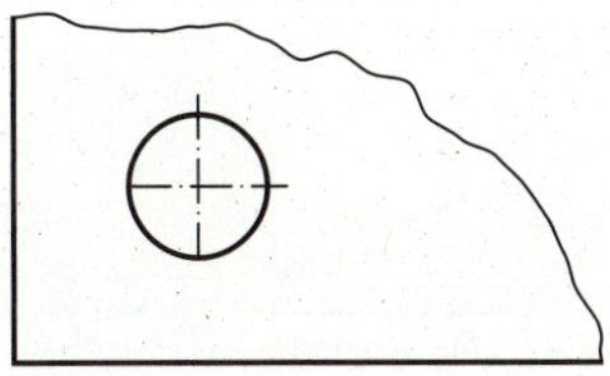

Problemstellung:

Die Oberfläche einer abgedrehten Welle ist rau und unsauber.
Welche Ursachen kann dieser Qualitätsmangel haben?

a) ______________________

b) ______________________

c) ______________________

d) ______________________

e) ______________________

f) ______________________

g) ______________________

→ **raue Oberfläche**

A Rauheit

① Um die Rauheit einer Werkstückoberfläche beschreiben zu können, wurde am stark vergrößerten Modell einer Oberfläche (s. Skizze) eine Reihe von Begriffen entwickelt. Notieren Sie diese Fachbegriffe für die Ziffern in der Skizze.

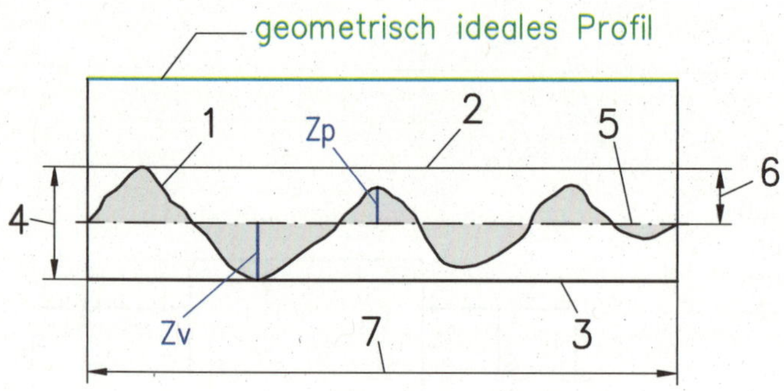

1 ______________________

2 ______________________

3 ______________________

4 ______________________

5 ______________________

6 ______________________

7 ______________________

Begriffbestimmungen:

a) **Rautiefe *Rt*** ≙ ______________________

____

____

b) **gemittelte Rautiefe *Rz*** ≙ ______________________

____

____

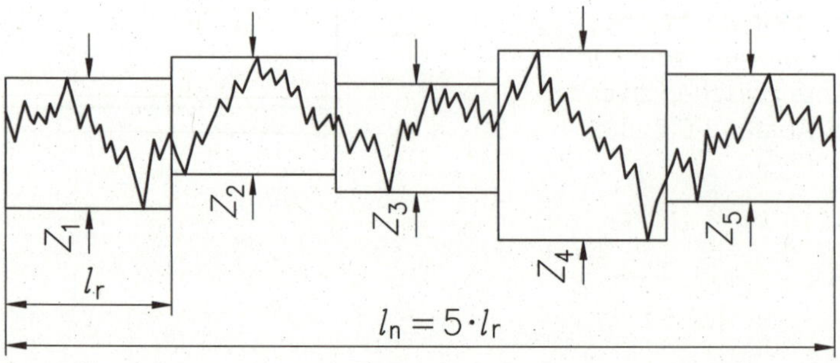

$$Rz = \frac{Z_1 + Z_2 + Z_3 + Z_4 + Z_5}{5}$$

c) **Mittenrauwert *Ra* ≙** ______________________________

____

____

d) **Glättungstiefe *Rp* ≙** ______________________________

____

____

② In welcher Maßeinheit wird die Rauheit gemessen?

Rauheit

______

Wird in technischen Zeichnungen die vorgeschriebene Oberfläche zahlenmäßig angegeben, so müssen sich die Zahlenangaben auf ______ oder ______ beziehen.

③ Spanabhebende Verfahren, wie Drehen, Honen oder Feilen, hinterlassen auf der Werkstückoberfläche systematisch angeordnete Spuren (Rillen, Riefen). Kennzeichnen Sie mit einem Pfeil, in welcher Richtung das Prüfgerät geführt werden muss, wenn die Rauheit ermittelt werden soll.

B Rautiefe und Fertigungsverfahren

Mit welchen Fertigungsverfahren können die folgenden *Rz*-Werte erreicht werden?

Rz	Fertigungsverfahren
100–400 µm	
10–100 µm	
1–10 µm	
0,1–1 µm	

C Angaben zur Oberflächenbeschaffenheit

Für die Funktion eines Bauteils ist oft eine hohe Oberflächengüte notwendig. Andererseits ist die Herstellung einer hohen Oberflächengüte teuer (Maschinen, Zeit).
Für die Oberflächengüte gilt deshalb die Regel:

____

① Technische Zeichnungen enthalten deshalb für die Fertigung Angaben zur Oberflächenbeschaffenheit der einzelnen Flächen des Werkstücks.

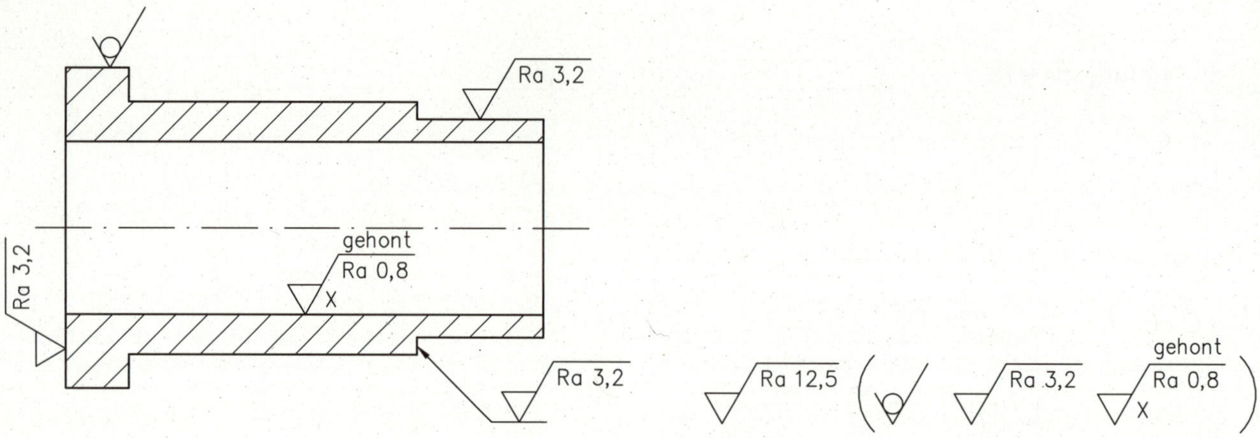

Was bedeuten die Symbole in der Zeichnung und die zusätzlich angegebenen Symbole, die in Zeichnungen vorkommen können?

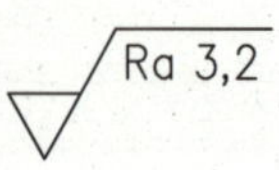

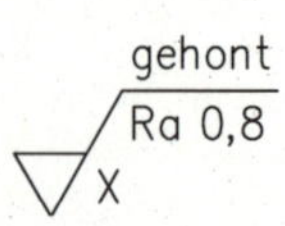

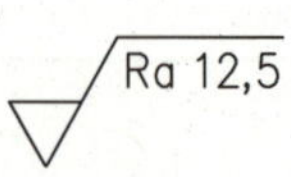

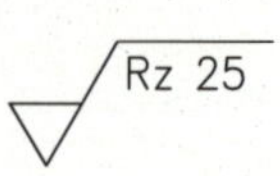

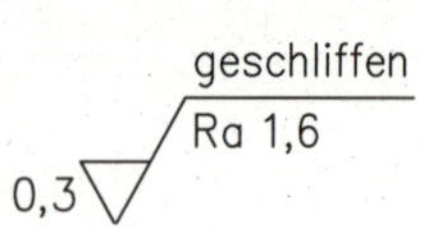

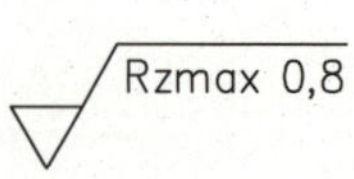

D Prüfverfahren

① Wie bezeichnet man das abgebildete Verfahren zur Oberflächenprüfung?

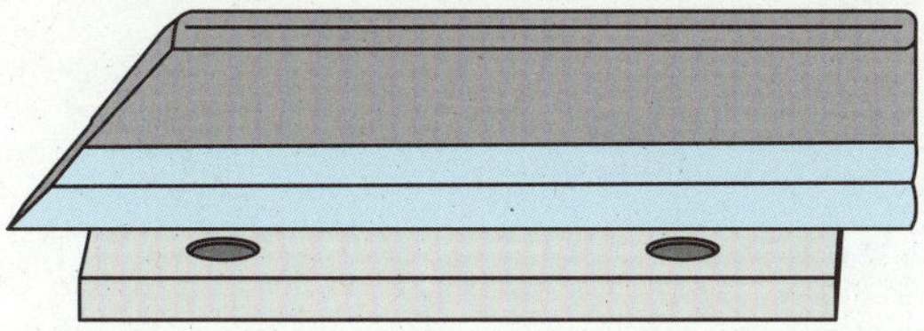

② Wie erfolgt die Oberflächenprüfung mit dem abgebildeten Vergleichsmuster (≙ Prüfnormale)?

Mittenrauwert Ra in µm								
12,5	6,3	3,2	1,6	0,8	0,4	0,2	0,1	0,05

1. Prüfmöglichkeit:

2. Prüfmöglichkeit:

③ Wie bezeichnet man das abgebildete bzw. skizzierte Gerät zur Oberflächenprüfung?
Geben Sie kurz das Prinzip an, auf dem das Prüfverfahren beruht.

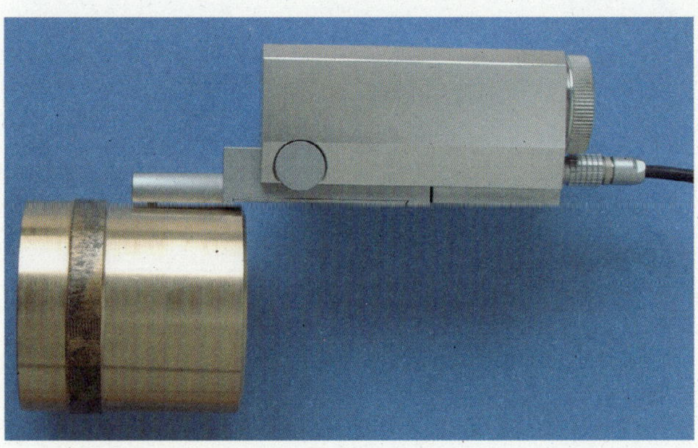

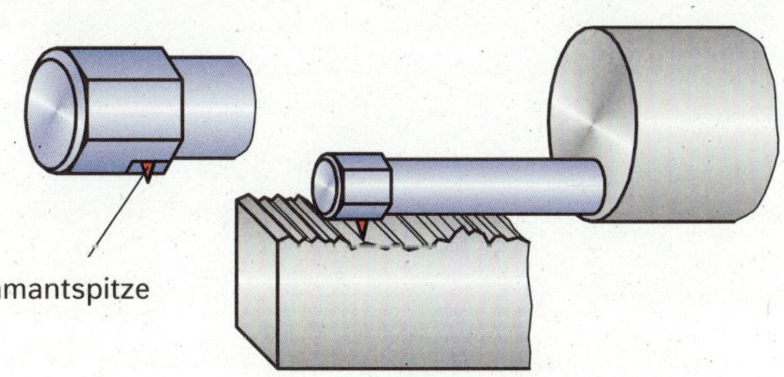

(Bezeichnung)

Prinzip:

Problemstellung:

Besondere Funktionsflächen an Bauteilen von Maschinen und Vorrichtungen erfordern nach dem üblichen Herstellungsprozess noch eine abschließende Feinbearbeitung.

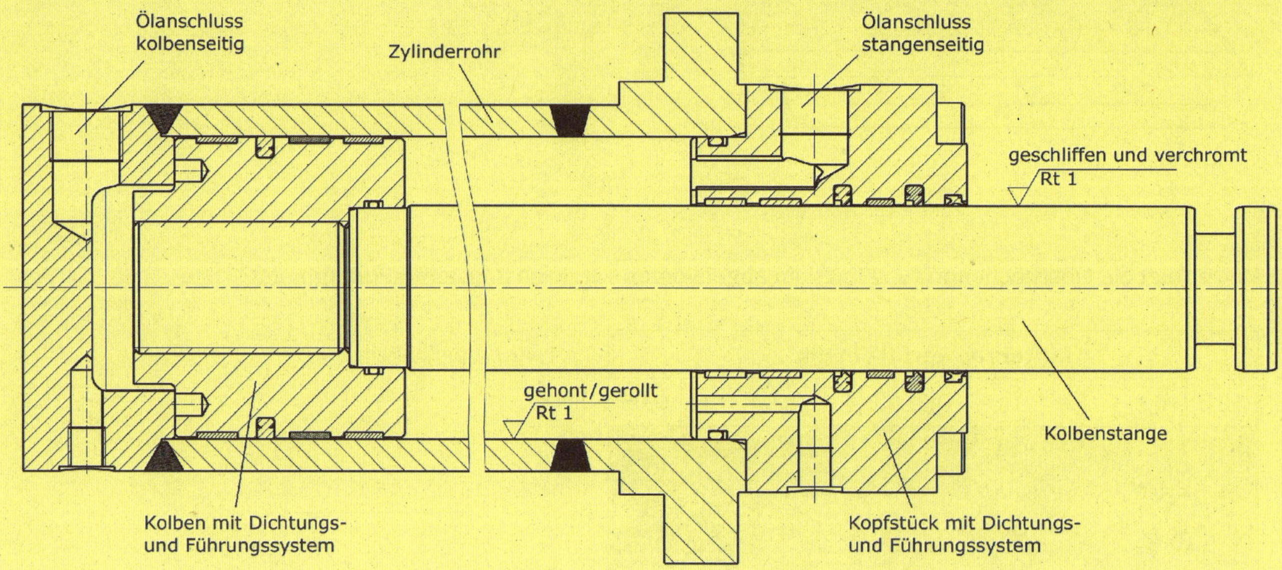

A Funktionsflächen

① Welche Flächen des oben abgebildeten hydraulischen Spannzylinders haben für seine Funktion eine besondere Bedeutung?

② Zählen Sie Anforderungen auf, die an Funktionsflächen gestellt werden.

B Feinbearbeitungsverfahren

Welche Feinbearbeitungsverfahren kommen zum Einsatz?

3.1 Honen

A Honen und Schleifen

① Beschreiben Sie das Fertigungsverfahren Honen und zeigen Sie den Unterschied zum Schleifen.

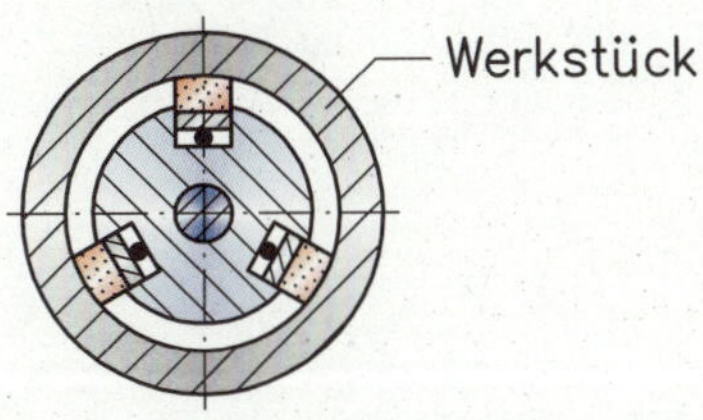

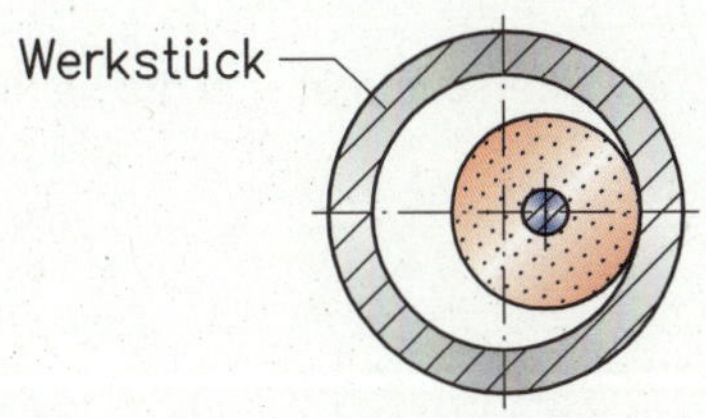

② Welche Honverfahren werden unterschieden?

B Langhubhonen von Bohrungen

① a) Kennzeichnen Sie die Teile des dargestellten Werkzeugs und beschreiben Sie seine Bewegungen.
Tragen Sie in die Zeichnung „H“ für die Hauptbewegung und „V“ für die Vorschubbewegung ein.

b) Welchen Vorteil bringt die dabei entstehende Form der Bearbeitungsriefen?

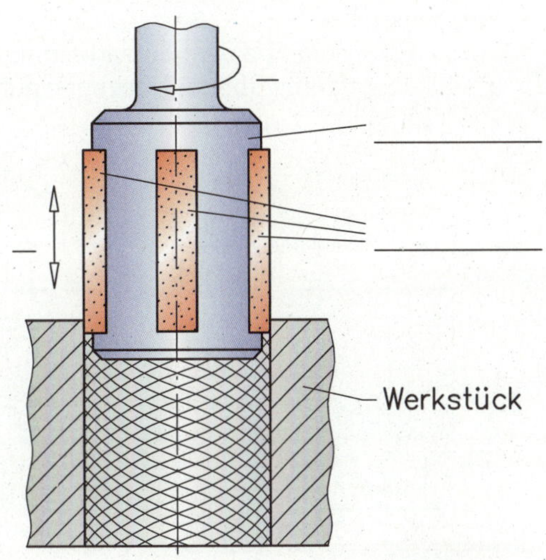

② Wie erfolgt bei diesem Honwerkzeug die Zustellung?

③ Die beiden Diamant-Hondorne sind in einem Verstellkopf montiert.

a) Wozu dient der Verstellkopf?

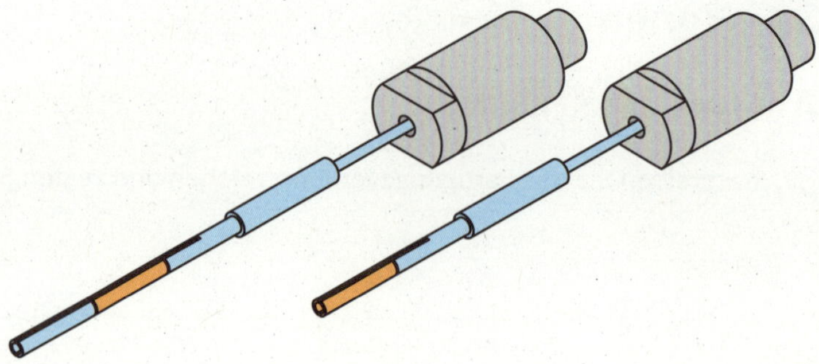

b) Wodurch unterscheiden sich die beiden Werkzeuge?

c) Welchen besonderen Vorteil bei der Zustellung zeigt dieses Bild einer Diamant-Honahle mit Spreizkegel?

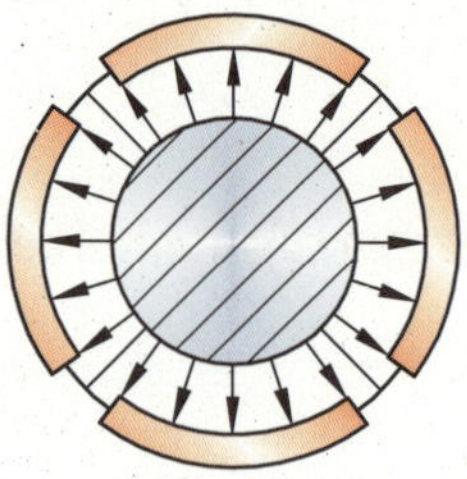

④ Durch Veränderung des Überlaufs können eventuelle Formfehler aus der Vorbearbeitung korrigiert werden. Bestimmen Sie

a) die Form aufgrund der Vorbearbeitung und

b) den ungefähren Überlauf, bezogen auf die Länge der Honsteine bzw. des Schneidbelags (SL).

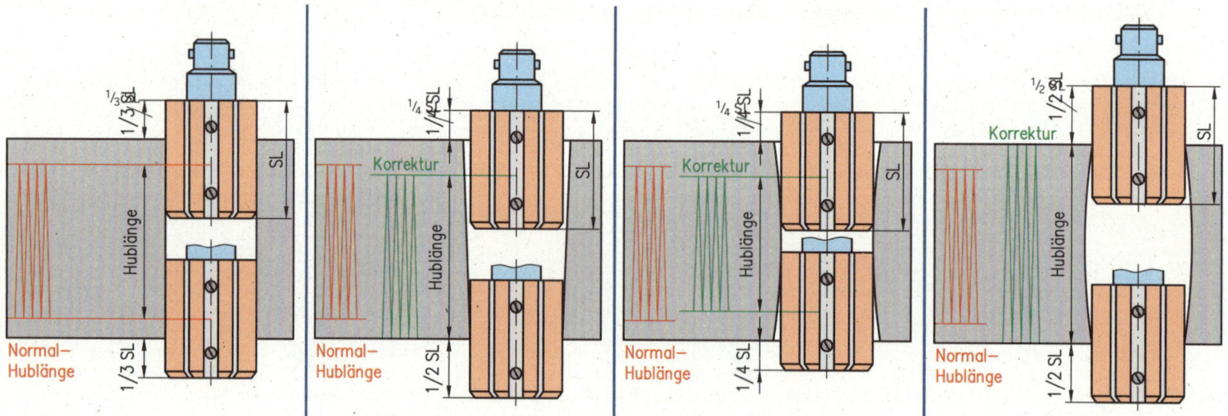

a) Vorbearbeitung:	Vorbearbeitung:	Vorbearbeitung:	Vorbearbeitung:
b) Überlauf:	Überlauf:	Überlauf:	Überlauf:

C Kurzhubhonen (Superfinish-Verfahren)

① Ergänzen Sie die Skizze mit den zutreffenden Bezeichnungen.

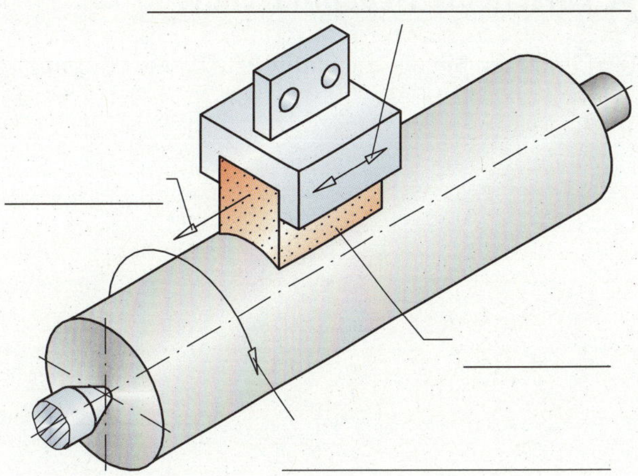

② Welche Werkstücke/Flächen werden durch Kurzhubhonen bearbeitet?

③ Mit welcher Frequenz schwingt der Honstein?

④ Ein Lagerzapfen wurde vorgedreht, gehärtet und geschliffen. Welche Verbesserungen bringt das anschließende Kurzhubhonen?

D Honmittel und Honflüssigkeit

① Aus welchen Schneidmitteln bestehen die Körner der Honwerkzeuge, welche Größe haben die Körner und wie sind sie gebunden?

② Welche Aufgaben hat das Honöl und welche Honöle werden verwendet?

3.2 Läppen

A Einscheiben-Läppmaschine

① Benennen Sie die einzelnen Teile dieser Läppmaschine.

1 ____________________

2 ____________________

3 ____________________

4 ____________________

② Wodurch unterscheidet sich das Läppen vom Honen?

③ Welche Aufgaben haben die Abrichtringe bei Einscheiben-Läppmaschinen?

B Läppgemisch (Läppmittel)

① Woraus besteht das Läppgemisch?

② Welches Läpppulver wird bei den folgenden Werkstoffen jeweils verwendet? (Beachten Sie die Regel: Je härter der Werkstoff, umso härter die Läppkörner.)

Leicht- und Buntmetalle: __________

Legierte Stähle, Gusseisen: __________

Hartmetalle: __________

Edelsteine: __________

C Läppvorgang

Beschreiben Sie, wie es beim Läppen zum Materialabtrag kommt und wie bearbeitete Flächen aussehen.

D Zweischeiben-Läppmaschine

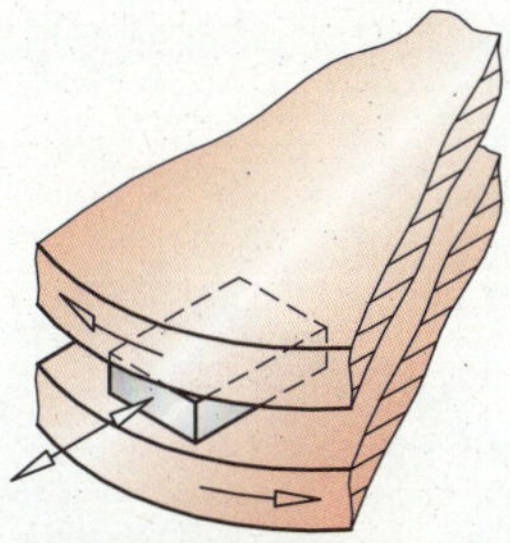

① Das planparallele Läppen erfolgt mit einer Zweischeiben-Läppmaschine.
a) Wie werden dabei die Werkstücke geführt?

b) Nennen Sie typische Anwendungsbeispiele.

② Das Außenrundläppen erfolgt ebenfalls auf einer Zweischeiben-Läppmaschine.
a) Welche Werkstücke werden dabei geläppt?

b) Welche besonderen Qualitätsmerkmale werden dabei erreicht?

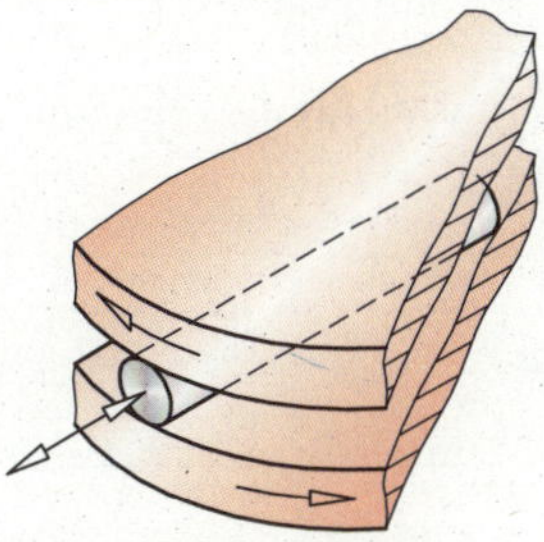

② Nennen Sie Faktoren, die den Läppvorgang beeinflussen.

3.3 Feinschleifen (Flachhonen)

① Was unterscheidet das Feinschleifen vom Läppen?

② Welche Vorteile hat Feinschleifen gegenüber dem Läppen?

3.4 Glattwalzen (Rollieren)

A Funktionsweise

① Benennen Sie die beiden Werkzeuge.

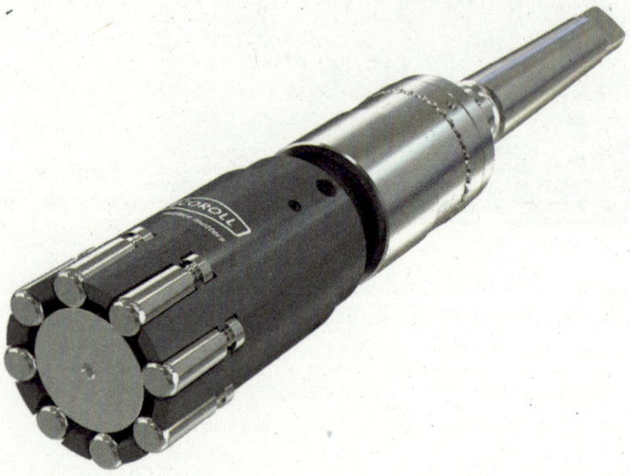

② Beschreiben Sie das Verfahren.

③ Welche Vorzüge und Nachteile hat das Glattwalzen?

B Dreifachwerkzeug

Mit diesem Dreifachwerkzeug können z. B. warm gewalzte Rohre bearbeitet werden.
Nennen Sie die drei gleichzeitigen Bearbeitungen.

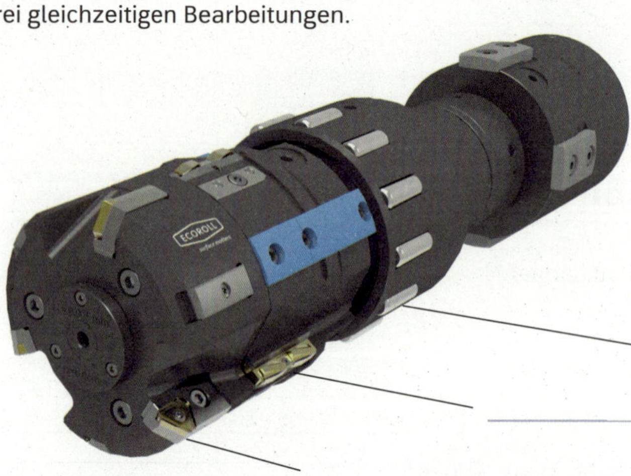

Weitere Verfahren
Nennen Sie moderne Fertigungsverfahren, die eine anschließende Feinbearbeitung zum Teil nicht mehr erforden, weil sie bereits sehr hohe Qualitäten erreichen.

Problemstellung:

Trotz sorgfältiger Planung und Überwachung des Fertigungsprozesses mit QM-Systemen gibt es in der Praxis keine konstanten Qualitätsergebnisse. Ursache dafür sind am Fertigungsprozess beteiligte Einflüsse.

Für das abgebildete Spiralkegelgetriebe sind folgende Reklamationen eingegangen:

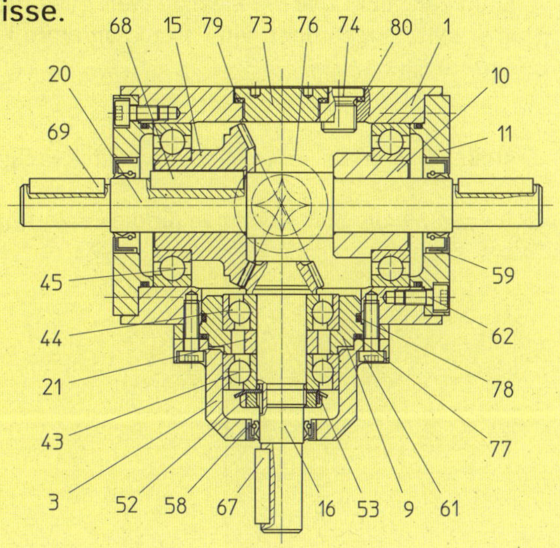

Reklamationen mit Gewährleistung:
- Getriebe mit falscher Übersetzung ausgeliefert
- Bruch eines Zahns am Ritzel (Pos. 16)
- Ölverlust am Radialwellendichtring (Pos. 58)
- Vorzeitiger Verschleiß der Kugellager (Pos. 45)
- Schrauben locker
- Sonstiges

A Reklamationen

① Nennen Sie Gründe, die in der Regel zu einer Ablehnung der Gewährleistung führen:

Bei Verschleiß von Bauteilen: ______________________

____

____

____

Bei Ölaustritt: ______________________

____

② Reklamationen und Fehler mit Gewährleistung werden einer Fehlermöglichkeitsanalyse unterzogen. Das Ziel ist Qualitätsverbesserung und Reduzierung von Fehlern. Die Analyse erfolgt mit grafischen Werkzeugen: Histogramm, Ursache-Wirkungs-Diagramm (Ishikawa-Diagramm) oder Paretodiagramm (vgl. S. 20).
Berechnen Sie für die Reklamationen mit Gewährleistung beim Spiralkegelgetriebe die relative Häufigkeit in % und die Gesamtkosten.

Fehlerart	Anzahl	Relative Häufigkeit in %	Kosten pro Fehler in €	Gesamtkosten in €
Auslieferung falsch	3		145.–	
Bruch eines Zahns am Ritzel (Pos. 16)	2		312.–	
Ölverlust am RWDR (Pos. 58)	12		93.–	
Vorzeitiger Verschleiß Kugellager (Pos. 45)	5		262.–	
Schrauben locker	7		57.–	
Sonstiges	6		45.–	
Summe				

B Paretodiagramm

Ein Paretodiagramm ist ein Säulendiagramm, bei dem die einzelnen Werte der Größe nach geordnet dargestellt werden. Dadurch werden die wichtigsten Ursachen eines Problems sehr schnell erkannt. Der größte Wert findet sich im Diagramm ganz links und der kleinste Wert ganz rechts. Ausnahme: Wenn „Sonstiges“ vorhanden ist, wird dieses immer ganz rechts angeordnet. Ein Paretodiagramm kann nach der Fehlerhäufigkeit oder nach den entstandenen Kosten geordnet sein.

① Erstellen Sie für die Reklamationen beim Kegelgetriebe ein Paretodiagramm, geordnet nach der Fehlerhäufigkeit.

② Zeichnen Sie die Summenkurve für die Fehlerhäufigkeit in % ein.

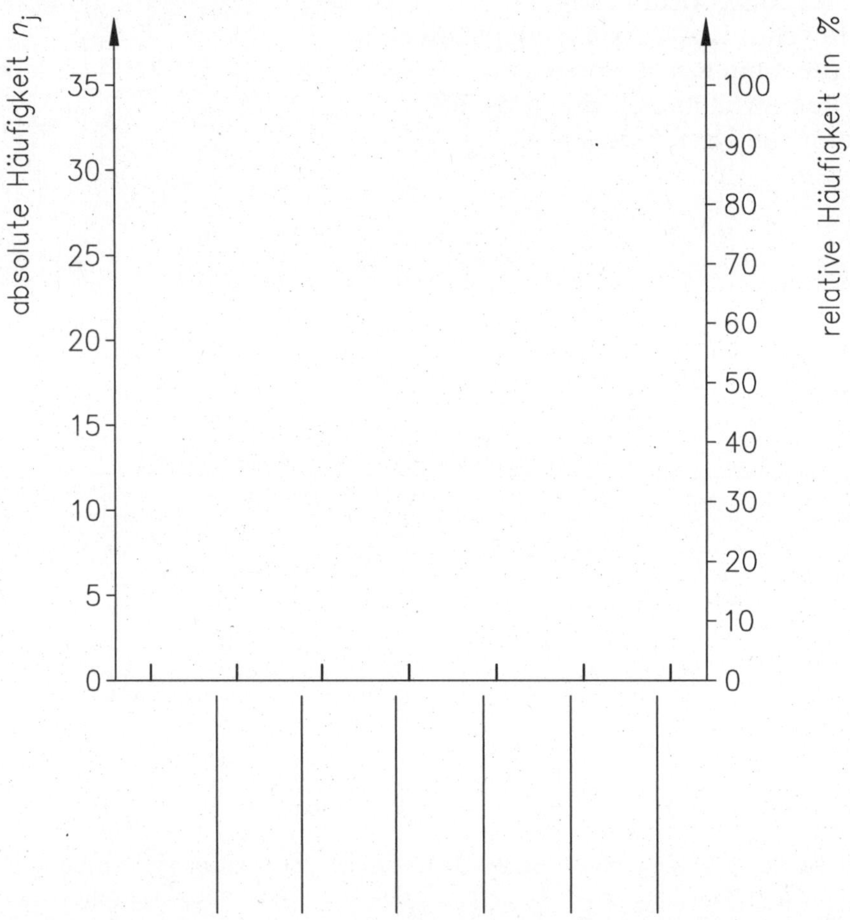

③ Überlegen Sie das weitere Vorgehen, um diese Reklamationen zu reduzieren und damit die Qualität zu verbessern.

Fehlerart	Analysen und Verbesserungen
Auslieferung falsch	
Bruch eines Zahns am Ritzel (Pos. 16)	
Ölverlust am RWDR (Pos. 58)	
Vorzeitiger Verschleiß Kugellager (Pos. 45)	
Schrauben locker	

An der Qualitätsverbesserung und an der Reduzierung von Fehlerquellen können und sollen sich auch die Mitarbeiter beteiligen. Dazu gibt es in den meisten Firmen das betriebliche Vorschlagswesen.

A Ideenmanagement

Ziel des betrieblichen Vorschlagswesens ist es, die Mitarbeiter zu motivieren, ihre Kenntnisse, Fähigkeiten und gewonnenen Erfahrungen zum betrieblichen Nutzen einzubringen. Man bezeichnet dieses Bemühen, die Mitarbeiter bei der Verbesserung der Produktionsprozesse miteinzubeziehen, auch als „Ideenmanagement“.
Das Ideenmanagement soll über die Aufgaben, die der Einzelne im Betrieb unmittelbar hat, hinausgehen.

① Nennen Sie Ziele, auf die sich ein Verbesserungsvorschlag beziehen kann.

② Welche Bedingungen muss ein Verbesserungsvorschlag erfüllen?

B Innovationen und KVP (KAIZEN)

① Erklären Sie, was man unter Verbesserung durch Innovationen versteht, und nennen Sie Beispiele aus dem Bereich der Fertigungstechnik.

② Was versteht man unter **KVP** und **KAIZEN**?

③ Nennen Sie ein paar Grundregeln der KVP-Praxis.

④ KVP und KAIZEN streben auch nach Beseitigung von Verschwendung.
Zählen Sie Beispiele für Verschwendung in der Produktion auf.

Der Fertigungsprozess ist der wichtigste Teil eines komplexen Gestaltungsprozesses, der ausgehend vom Kundenauftrag ein bestimmtes Produkt (z. B. ein Drehteil aus Stahl) als Ergebnis hervorbringt.

Kundenauftrag

a) Erläutern Sie die angegebenen Punkte eines Kundenauftrags.

Material: ____________________

Geometrie: ____________________

Qualität: ____________________

Behandlung: ____________________

Beschichtung: ____________________

Losgröße: ____________________

Termin: ____________________

↓

Rohteil

b) Das Rohteil muss aus dem erforderlichen Material bestehen und geeignete Abmessungen haben. Welche unterschiedlichen Anlieferungszustände können Rohteile aus Stahl aufweisen?

↓

Fertigung

c) Das Ergebnis der Fertigung wird ganz erheblich von der verwendeten Werkzeugmaschine und dem eingesetzten Werkzeug bestimmt.
Erläutern Sie die verschiedenen Merkmale.

Werkzeugmaschine

Größe: ____________________

Stabilität: ____________________

Leistung: ____________________

Qualität: ____________________

Steuerung: ____________________

Sicherheit: ____________________

Werkzeug

Verfahren: ____________________

Geometrie: ____________________

Material: ____________________

Haltbarkeit: ____________________

↓

Produkt

Problemstellung:

Die Lagerzapfen dieser Zahnradwelle laufen in Gleitlagern, die in Bohrungen des Maschinengehäuses stecken. Lagerzapfen sollen möglichst verschleißfest (abriebfest) sein. Wie könnte dies erreicht werden?

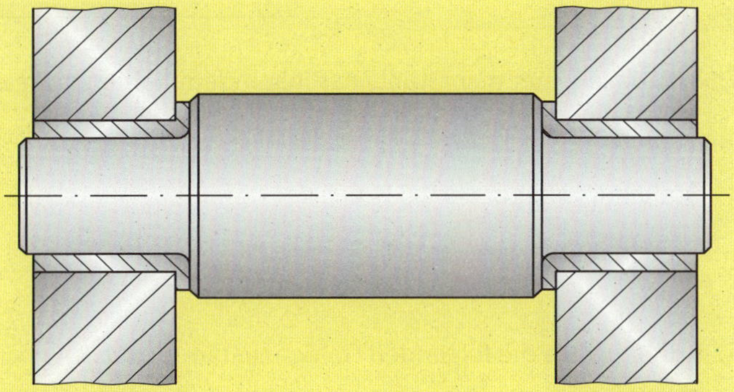

4.1 Grundsätzliches zu Gefüge und Gefügeumwandlung

A Zweck der Wärmebehandlung

Welchen Zweck hat die Wärmebehandlung von Stählen?

Wärmebehandlung ⇒ ______ ⇒ **bestimmte Eigenschaften, z. B. gesteigerte Härte, höhere Festigkeit**

B Gefügezustände des Stahls

Eisen-Kohlenstoff-Schaubild (unlegierter Stahl)

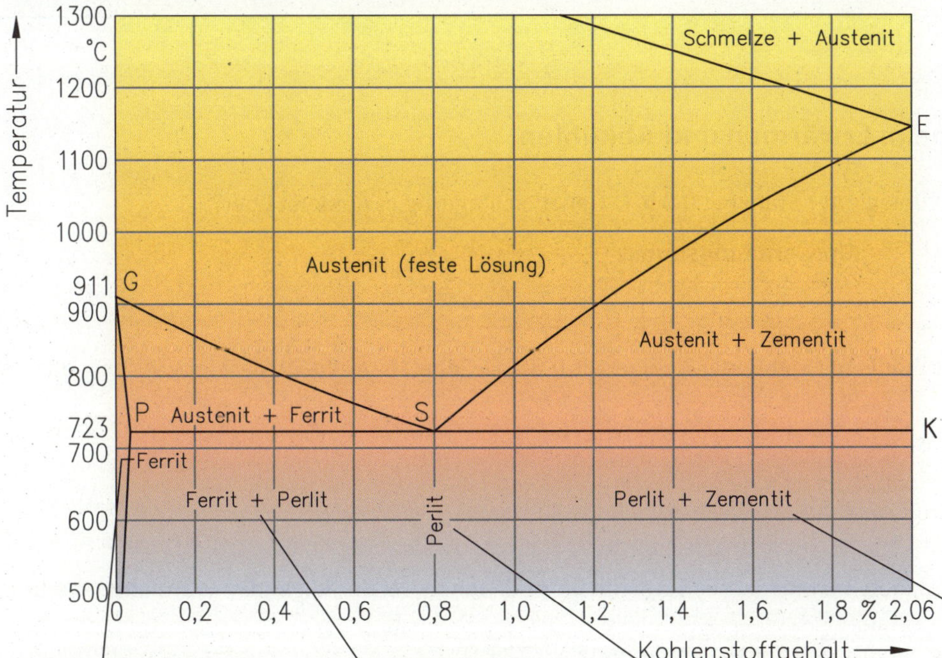

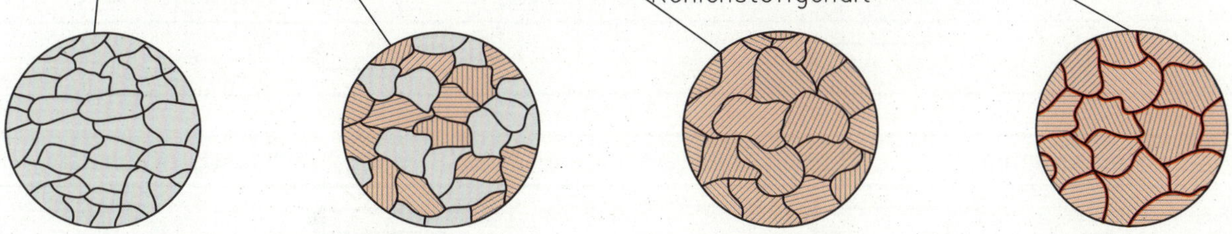

Ferrit-Gefüge | Ferrit-Perlit-Gefüge | Perlit-Gefüge | Perlit-Zementit-Gefüge

① Welcher Bestandteil in unlegiertem Stahl ist entscheidend für den Gefügezustand des Stahls?

____

② Wie bezeichnet man Stähle mit folgendem Kohlenstoffgehalt?

Stahl mit 0,8 % C ≙ ______________ Stahl

Stahl mit weniger als 0,8 % C ≙ ______________ Stahl

Stahl mit mehr als 0,8 % C ≙ ______________ Stahl

③ Erläutern Sie die folgenden Gefügezustände von Stahl.

Ferrit	
Zementit	
Perlit	
Austenit	
Martensit	

C Gefügeumwandlung beim Erwärmen und Abkühlen

① Bei welcher Temperatur geht unlegierter Stahl mit 0,8 % C-Gehalt schlagartig in Austenit über?

Umwandlungspunkt

______ °C

Wie verhalten sich unlegierte Stähle mit mehr oder weniger als 0,8 % C-Gehalt hinsichtlich der Umwandlung des Gefüges in Austenit?

____

____

② Welche Gefügezustände durchläuft ein unlegierter Stahl mit 0,8 % C-Gehalt bei der folgenden Wärmebehandlung?

vor der Erwärmung	nach Erwärmung auf 723 °C	nach **langsamem** Abkühlen
______ ⇒	______ ⇒	______

vor der Erwärmung	nach Erwärmung auf 723 °C	nach **raschem** Abkühlen
______ ⇒	______ ⇒	______

D Atomare Vorgänge bei der Gefügeumwandlung

Welche atomaren Vorgänge ereignen sich in unlegiertem Stahl bei der folgenden Wärmebehandlung? Ergänzen Sie dazu die folgende Übersicht. (Eisenatom ○, Kohlenstoffatom ●)

vor der Erwärmung	nach Erwärmung auf 723 °C	nach **raschem** Abkühlen
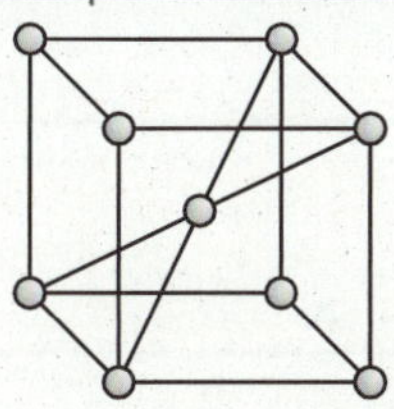 ______________-zentriertes Gitter	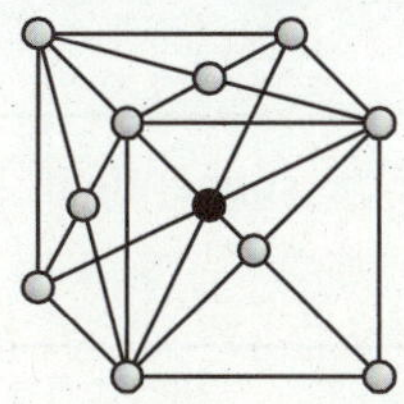 ______________-zentriertes Gitter	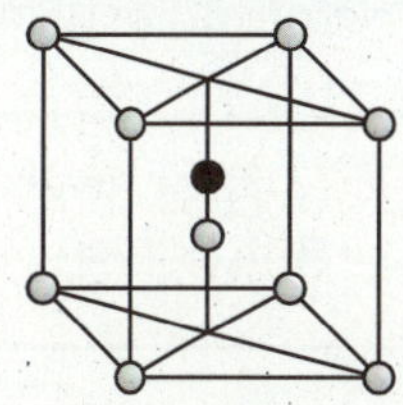 ______________-zentriertes Gitter („verspannt“)
In der Würfelmitte: ______________	In der Würfelmitte: ______________	In der Würfelmitte: ______________
Gefügebezeichnung: ______________	Gefügebezeichnung: ______________	Gefügebezeichnung: ______________

E Arten der Wärmebehandlung

Welche drei grundsätzlichen Arten der Wärmebehandlung unterscheidet man?

Wärmebehandlungs-arten

______________	______________	______________
Vorgang:	**Vorgang:**	**Vorgang:**
______________	______________	______________
______________	______________	______________
______________	______________	______________

4.2 Glühen

A Glühvorgang (grundsätzlicher Ablauf)

In welchen drei Schritten vollzieht sich das Glühen?

a) ______________

⇓

b) ______________

⇓

c) ______________

B Glühverfahren

① Wie heißen die Glühverfahren, die angewendet werden, wenn die folgenden Forderungen erfüllt werden sollen?

	Glühverfahren
Spannungen (entstanden durch Gießen, Schweißen, Schmieden, Zerspanen) sollen verringert werden.	
Gehärteter oder kaltverfestigter Stahl soll für die spanende Bearbeitung weicher gemacht werden.	
Ein grobkörniges oder ungleichmäßiges Gefüge soll verfeinert bzw. gleichmäßig gemacht werden.	
Ein durch Kaltverformung verzerrtes („platt gedrücktes“) Gefüge soll in seinen ursprünglichen Zustand zurückgebracht werden.	

② In welchen Temperaturbereichen werden die Stähle bei den einzelnen Glühverfahren geglüht? Wie lange werden die Stähle auf Temperatur gehalten?

	Temperaturbereich	Glühdauer
Spannungsarmglühen	... °C	
Weichglühen	... °C	
Normalglühen	... °C	
Rekristallisationsglühen	... °C	

Wovon hängt die **genaue** Glühtemperatur und Glühdauer eines Stahls ab?

a) ______________________

b) ______________________

bestimmen → **genaue Glühtemperatur**
genaue Glühdauer

C Glühfehler

Welche Fehler sind beim Glühen gemacht worden, wenn das Werkstück nach dem Glühen die folgenden Merkmale aufweist?

Stahl noch zu hart	
Stahl grobkörnig	
Stahl in Randzone entkohlt	
Stahl „verbrannt“	

4.3 Abschreckhärten

A Arbeitsablauf

① In welche drei Schritte lässt sich der Arbeitsablauf beim Abschreckhärten normalerweise einteilen?
Schraffieren Sie den Kasten des Schritts, bei dem der Stahl hart wird.

1. Schritt ______ → 2. Schritt ______ → 3. Schritt ______

② Wie hoch muss der C-Gehalt eines Stahls mindestens sein, damit bei der Gefügeumwandlung eine ausreichende Härte entsteht?

C-Gehalt mindestens ______ **%**

B Erwärmen

① Auf welche Temperaturen werden die folgenden Stähle beim Härten erwärmt?

unlegierte Stähle	______ ... ______ °C
legierte Stähle (< 5 %) („niedriglegierte Stähle“)	______ ... ______ °C
legierte Stähle (> 5 %) („hochlegierte Stähle“)	______ ... ______ °C

② Wovon hängt die genaue Härtetemperatur eines Stahls ab?

a) ______

b) ______

bestimmen → **genaue** Härtetemperatur

C Abschrecken

① Mit welchen Abschreckmitteln werden die folgenden Stähle gewöhnlich abgeschreckt?
Wie bezeichnet man deshalb diese Stähle?

	Abschreckmittel	**Bezeichnung des Stahls**
unlegierte Stähle		
legierte Stähle (< 5 %) („niedriglegierte Stähle“)		
legierte Stähle (> 5 %) („hochlegierte Stähle“)		

② Welche negative Nebenwirkung bringt das Abschrecken für das Werkstück immer mit sich?

______

______

③ Erläutern Sie, warum zum Abschrecken unterschiedliche Abschreckmittel verwendet werden?

④ Wie hoch soll die Wassertemperatur beim Abschrecken normalerweise sein?

Wassertemperatur ____ °C

⑤ Wodurch kann die Abschreckwirkung von Wasser verstärkt oder gemildert werden?

Verschärfung der Abschreckwirkung von Wasser	Milderung der Abschreckwirkung von Wasser
a)	a)
b)	b)

D Besondere Abschreckverfahren

① In welchen Schritten vollzieht sich der Abschreckvorgang beim sog. gebrochenen Härten und beim sog. Stufenhärten?

Gebrochenes Härten	Stufenhärten (Warmbadhärten)
1. Schritt	1. Schritt
⇓	⇓
2. Schritt	2. Schritt

② Welche Möglichkeiten für verzug- und rissfreies Härten gibt es?

E Härtetiefe

Wie tief härten die folgenden Stähle?

unlegierte Stähle	
legierte Stähle	

F Anlassen

① Welchen Zweck hat das Anlassen bei **unlegierten** und **legierten** Stählen?

Zweck des Anlassens <

② Wie geht das Anlassen vor sich?

③ Wie hoch sind die Anlasstemperaturen bei den folgenden Stählen?

unlegierte Stähle und niedriglegierte Stähle	... °C
hochlegierte Stähle	... °C

Wovon hängt die genaue Anlasstemperatur ab?

a)

b)

bestimmen → **genaue Anlasstemperatur**

④ Welche Besonderheit kann beim Anlassen von Stählen mit sehr hohen Anteilen von Legierungsbestandteilen auftreten (z. B. bei einigen HS-Stählen)?

4.4 Härten der Randzone

A Zweck

① Welche Eigenschaften sollen dem Werkstück durch das Härten der Randzone („Oberflächenhärten") verliehen werden?

Beispiel:
Zahnrad

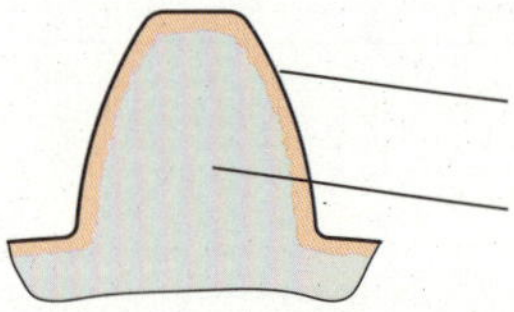

② Nennen Sie Werkstücke, bei denen diese Eigenschaften verlangt werden.

B Einsatzhärten

① Wie geht das Einsatzhärten grundsätzlich vor sich? Führen Sie die Stichworte aus.

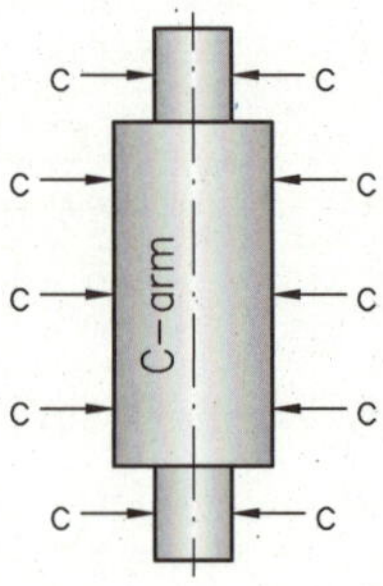

1 Art der verwendeten Stähle:

2 Kohlenstoffanreicherung:

3 Abschrecken:

4 Anlassen:

② Welche Arten des Einsatzhärtens unterscheidet man?

Einsatzhärten

Einsatzmittel:	**Einsatzmittel:**	**Einsatzmittel:**

③ Bei welchen Temperaturen erfolgt die Aufkohlung und welche Aufkohlungstiefen (≙ Härtetiefen) kann man erreichen?

Aufkohltemperatur	**Härtetiefe**
... °C	bis mm

① Nennen Sie vier Beispiele für Stähle, die zum Einsatzhärten verwendet werden. (Tabellenbuch!)
Welchen C-Gehalt haben Einsatzstähle?

Einsatzstähle → ______ ... ______ % C

C Flammhärten

Wie geht das Flammhärten vor sich?

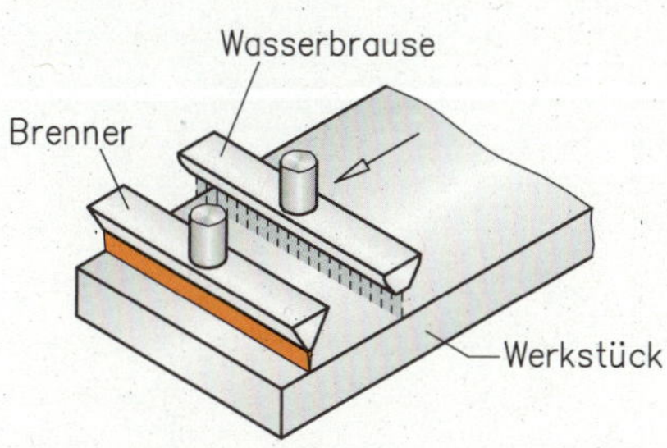

D Laserhärten

① Wie geht das Laserhärten vor sich?

② Wo wird das Laserhärten bevorzugt eingesetzt?

E Induktionshärten

Wie geht das Induktionshärten vor sich?

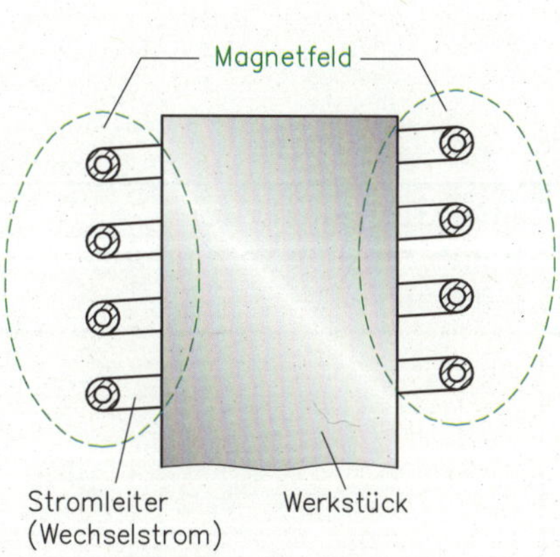

F Nitrieren

① Wodurch unterscheidet sich das Nitrieren grundsätzlich vom Einsatzhärten?

Nitrieren	Einsatzhärten
a) Der Randzone wird ______ zugeführt.	a) Der Randzone wird ______ zugeführt.
b) Das Werkstück wird ______	b) Das Werkstück wird ______

② Wodurch erhalten nitrierte Stähle ihre Härte?

③ Notieren Sie aus Ihrem Tabellenbuch einige sog. Nitrierstähle.
Welche Legierungsbestandteile weisen Nitrierstähle auf?

Legierungsbestandteile:

④ Welche Vorteile hat das Nitrieren gegenüber den anderen Verfahren der Randzonenhärtung?

Nitrieren

⑤ Welche Werkstücke werden vorzugsweise nitriert?

G Überblick

Ordnen Sie die einzelnen Verfahren der Randzonenhärtung nach den folgenden Gesichtspunkten:

C-arme Stähle werden in der Randzone aufgekohlt, anschließend gehärtet.	C-reiche Stähle werden nur in der Randzone erwärmt, anschließend abgeschreckt.	Stickstoff geht in der Randzone eine Verbindung mit Eisen ein.

4.5 Vergüten

A Zweck

① Welchen Zweck hat das Vergüten?

Vergüten **steigert** → a) ______
b) ______

② Welche Zugfestigkeitswerte bei Stählen erreicht man durch Vergüten?

Zugfestigkeit bis ______ N/mm^2

③ Nennen Sie einige Werkstücke, die vergütet werden.

______

______

B Vorgang des Vergütens

① Wie geht das Vergüten vor sich?

Das Vergüten entspricht in seinem Ablauf grundsätzlich dem **Härten** mit seinen drei Schritten:

1. ______ , 2. ______ , 3. ______ .

Worin besteht der Unterschied zwischen Härten und Vergüten?

a) **Anlassen:** ______

______

b) **Abschrecken:** ______

______

② Wie hoch sind die Anlasstemperaturen beim Vergüten?

Anlasstemperatur

______ ... ______ °C

C Vergütungsstähle

Nennen Sie vier Beispiele für Stähle, die zum Vergüten verwendet werden. (Tabellenbuch!)
Welchen C-Gehalt haben Vergütungsstähle?

______

______

______

______

Vergütungsstähle → ______ ... ______ % C

Problemstellung:

Ottomotoren haben zur Ventilsteuerung Nockenwellen. Die Nocken darauf müssen äußerst verschleißfest, d. h. hart sein. Wenn sie sich abnutzen, arbeiten die Ventile nicht mehr exakt und die Motorleistung lässt immer mehr nach.

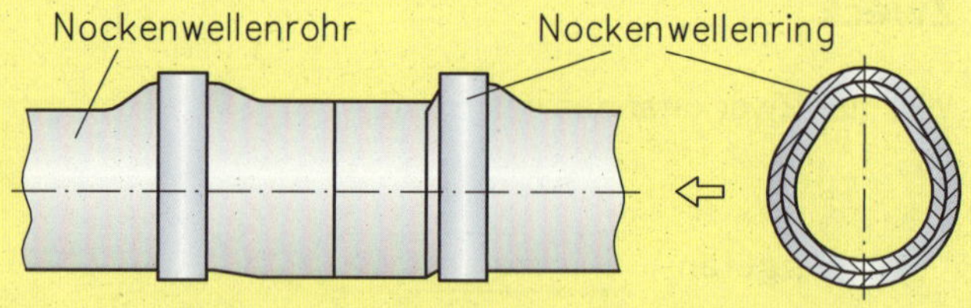

Beim Hydro-Forming-Verfahren bringt ein Industrieroboter vorher durchgehärtete Nockenringe auf ein Nockenwellenrohr auf, das dann unter einem Druck von 5 500/500 bar aufgeweitet wird, sodass die Nockenringe festsitzen.
Beim Härten der Nockenringe kann es vorkommen, dass die verlangte Härte nicht ganz erreicht wird. Im Interesse einer stetigen Qualität der Produkte muss der Autohersteller solche Mängel jedoch ausschließen. Wie kann er dies erreichen?

A Ziele und Einteilung der Prüfverfahren

① Welche Rückschlüsse auf Werkstoffe können mithilfe von Werkstoffprüfungen gemacht werden? Nennen Sie beispielhaft einige Möglichkeiten.

② Welche drei großen Gruppen kann man bei den Verfahren der Werkstoffprüfung unterscheiden? Nennen Sie für jede Gruppe ein Beispiel. Wodurch ist die jeweilige Gruppe charakterisiert?

Werkstoffprüfungen

Beispiel:	**Beispiel:**	**Beispiel:**
Besonderheit:	**Besonderheit:**	**Besonderheit:**

B Härteprüfungen

① Was versteht man unter Härte im technologischen Sinn?

② Bei den verschiedenen Härteprüfverfahren werden unterschiedliche Prüfkörper verwendet.
a) Welche Form haben die jeweiligen Prüfkörper?
b) Aus welchem Werkstoff bestehen die jeweiligen Prüfkörper?
c) Wie bezeichnet man das jeweilige Prüfverfahren?

	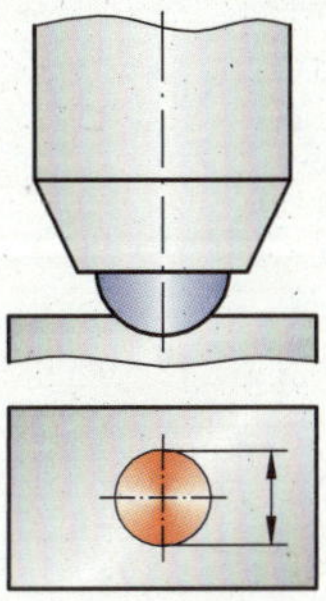 Eindruck	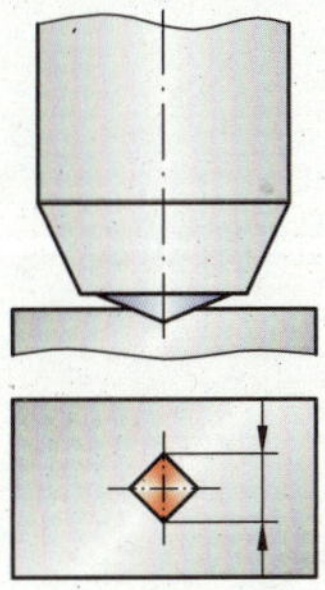 Eindruck	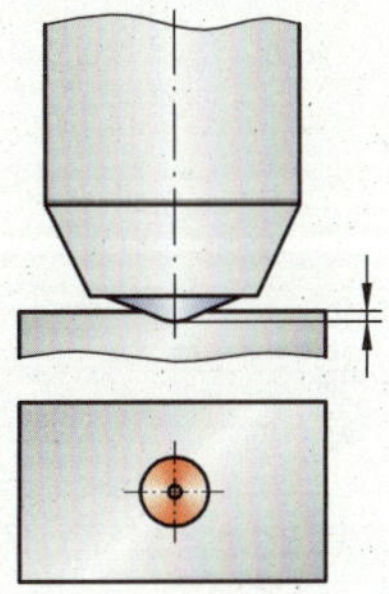 Eindruck	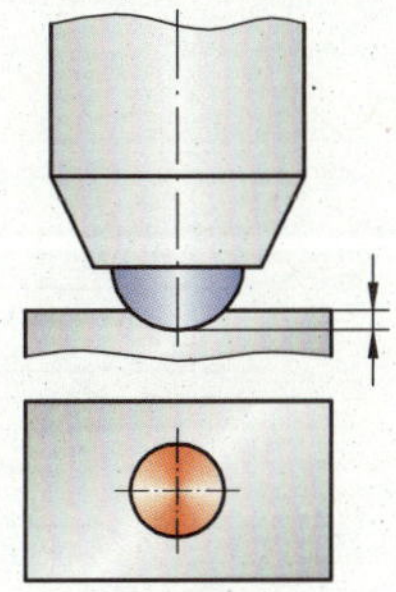 Eindruck
a				
b				
c		1. 2.		

③ Was wird bei dem einzelnen Prüfverfahren am Eindruck des Werkstücks gemessen? Welche Werkstoffe werden mit den einzelnen Verfahren geprüft?

Verfahren	Messung am Eindruck	Art des geprüften Werkstoffs
Brinell		
Vickers		
Rockwell A (HRA) Rockwell C (HRC)		
Rockwell B (HRB) Rockwell F (HRF)		
Martenshärte-prüfung		

④ Zwischen der Brinellhärte und der Zugfestigkeit eines unlegierten Stahls besteht ein rechnerischer Zusammenhang. Wie heißt die Faustregel für die Umrechnung?

Zugfestigkeit = ________ · Brinellhärte

⑤ Ein durch Einsatzhärten gehärtetes Zahnrad ist mit 60 HRC gekennzeichnet.

a) Welches Härteprüfverfahren und welcher Prüfkörper werden verwendet?

b) Erläutern Sie anhand der Bilder den Ablauf des Härteprüfvorgangs.

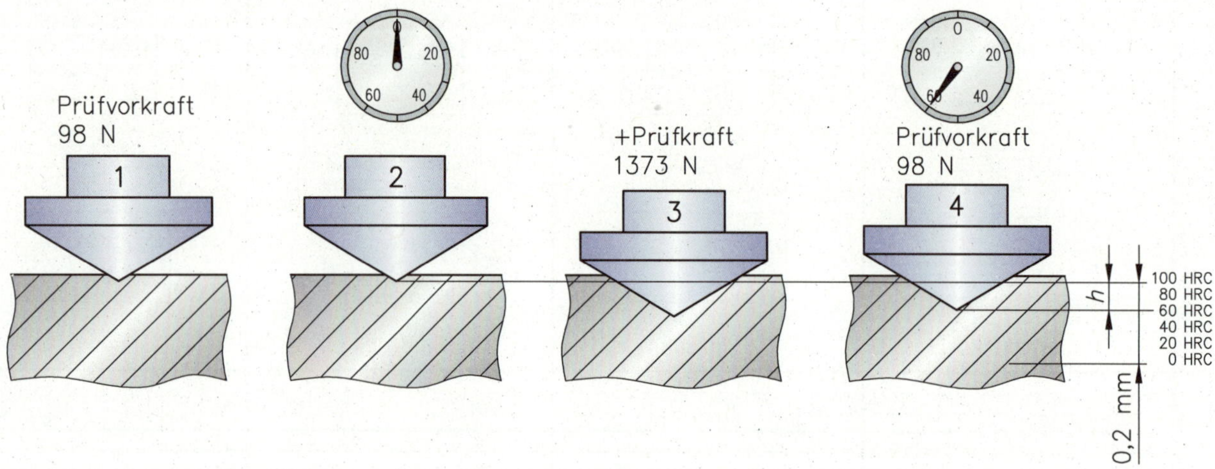

c) Berechnen Sie die bleibende Eindringtiefe *h*, wenn die Härte HRC 60 erfüllt ist.

⑥ Die von der Härteprüfmaschine ermittelten Eindrücke werden in Tabellen „übersetzt". Was bedeuten die folgenden Kurzzeichen in der Härtenormung? (Tabellenbuch!)

114 HBS 5/250/30	
380 HBW 10/3000	
650 HV 5	
210 HV 50/30	
64 HRC	
52 HRB	
HM 0,5/20/20 = 5700 N/mm²	Der Zahlenwert für die Martenshärte errechnet sich nach der Formel $HM = \frac{F}{26{,}43 \cdot h^2}$ · (*h* entspricht der Eindringtiefe.)

C Zugversuch

① Beim Zugversuch DIN EN ISO 6892-1 wird eine Probe gleichmäßig und stoßfrei bis zum Bruch gezogen. Die aufgewendete Kraft und die Dehnung werden gemessen und als Spannungs-Dehnungs-Diagramm aufgezeichnet.

a) Tragen Sie die Formelzeichen in die Zeichnungen der abgebildeten Rund- und Flachprobe ein.

b) Bestimmen Sie die Maße für einen **kurzen** Proportionalstab Rundprobe ø 8 mm und Flachprobe 20 mm x 2 mm.

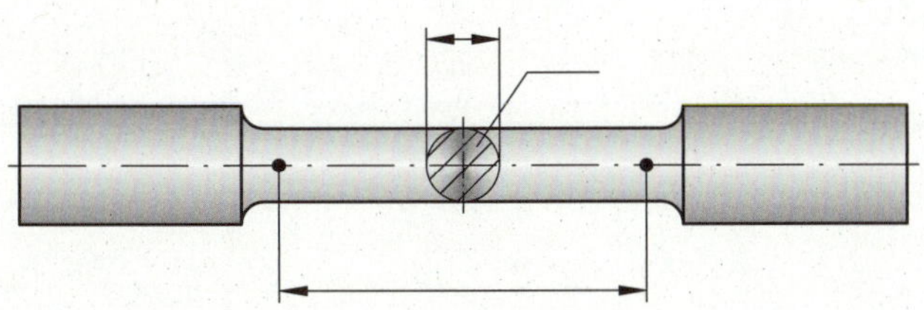

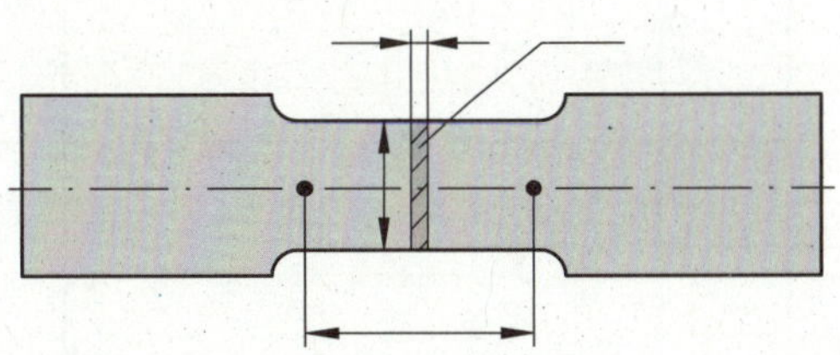

Proportionalstab		**Rundprobe**	**Flachprobe**	
kurz	$L_o = 5 \cdot d_o$	d_o =	$L_o = 5{,}65 \cdot \sqrt{S_o}$	a_o =
lang	$L_o = 10 \cdot d_o$	S_o =	$L_o = 11{,}3 \cdot \sqrt{S_o}$	b_o =
		L_o =		S_o =
				L_o =

② Welche Eigenschaften eines Werkstoffs soll der Zugversuch in erster Linie ermitteln?

③ Wenn Stahl auf Zug beansprucht wird, dehnt er sich. Größe und Art der Dehnung hängen zusammen mit der Spannung (≙ Belastung in N/mm²), unter der der Stahl steht. Bei weichem Stahl ergibt die zeichnerische Darstellung des Verhältnisses von Spannung und Dehnung eine charakteristische Kurve:

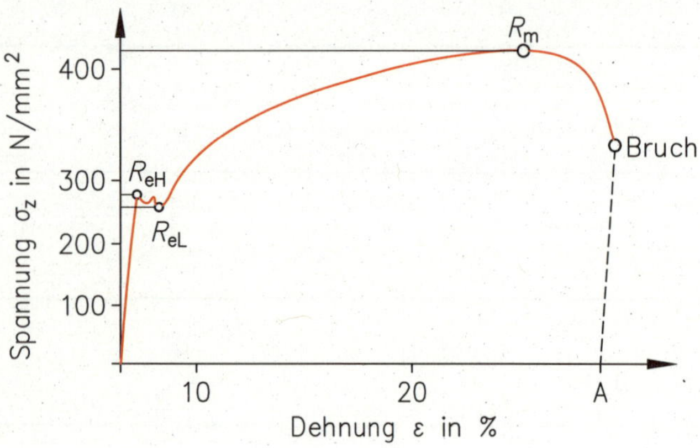

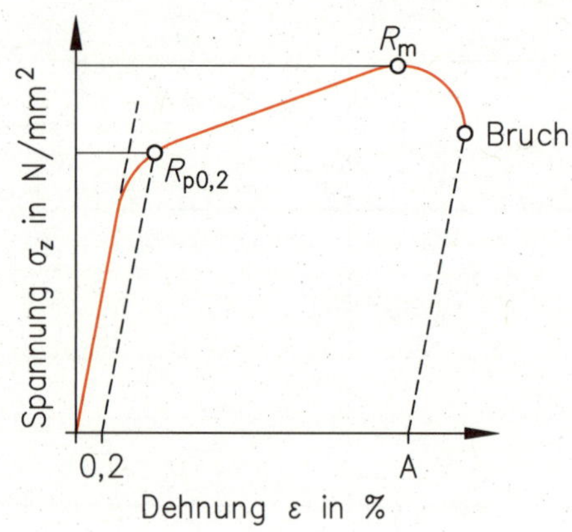

④ Wie bezeichnet man die Punkte R_{eH}, R_{eL}, R_m, A und $R_{p0,2}$? Welches Verhalten zeigt der Stahl an diesen Punkten?

	Bezeichnung	**Beschreibung des Verhalten des Stahls**
R_{eH}		
R_{eL}		
R_m		
A		
$R_{p0,2}$		

⑤ Die Abbildung zeigt Spannungs-Dehnungs-Diagramme verschiedener Werkstoffe.

a) Überlegen Sie, welche Kurve zu welchem der unten aufgeführten Werkstoffe gehört, und tragen Sie die Nummern in die Kreise ein.

b) Welcher Werkstoffgruppe gehören die Werkstoffe aufgrund der gegebenen Kurzzeichen an?

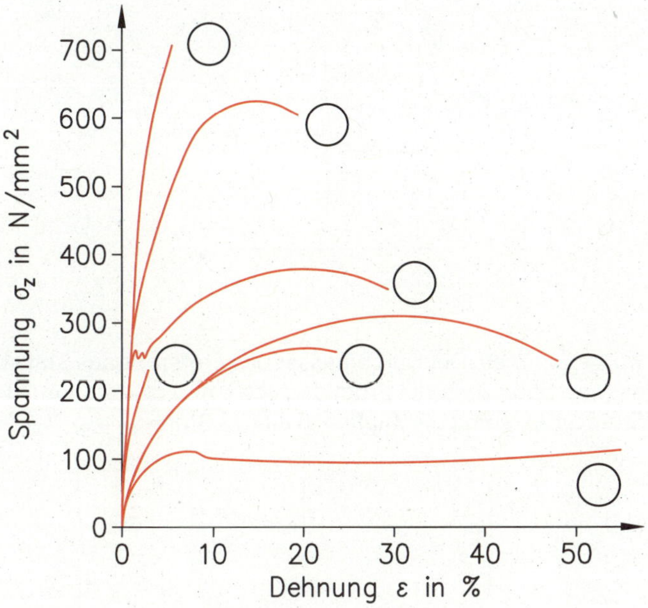

Nr.	Kurzzeichen	Werkstoffgruppe
1	S235JR	
2	C45	
3	90MnCrV8	
4	CuSn3	
5	EN-GJL-200	
6	AlMg5	
7	Polystyrol	

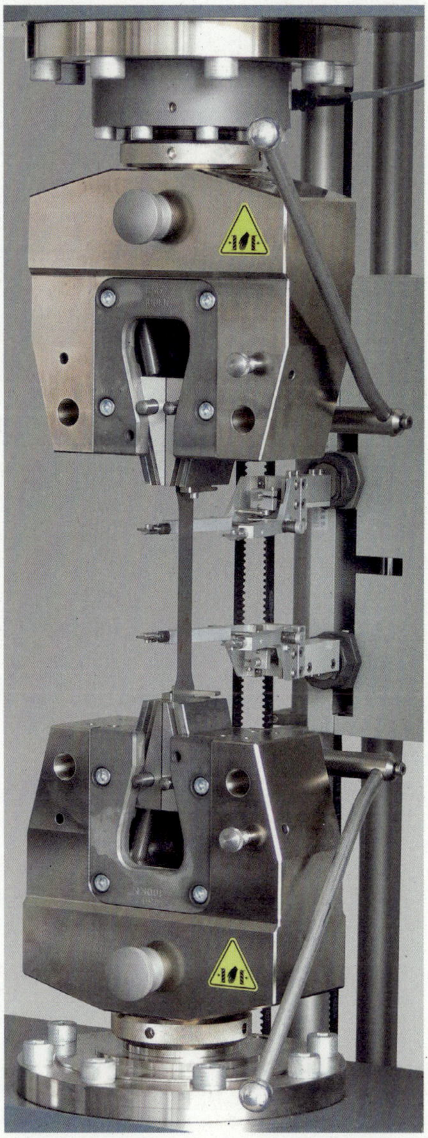

Metallzugversuch mit einer Universal-Prüfmaschine

⑥ Was bedeuten beim Zugversuch die Formelzeichen L_0, L_u und ΔL?

Probestab vor dem Versuch

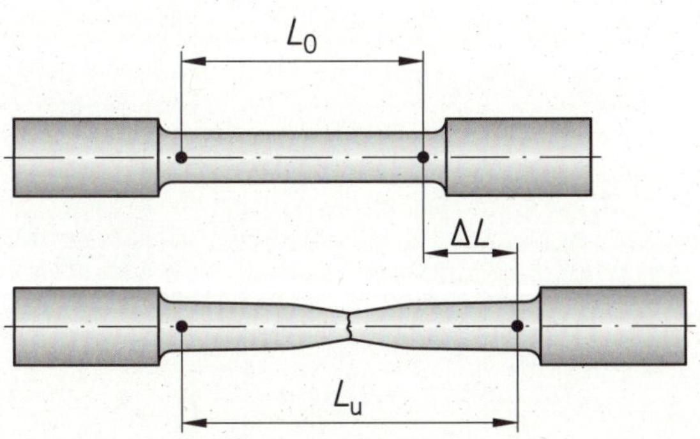

Probestab nach dem Versuch

L_0 =

L_u =

ΔL =

D Berechnungen zum Zugversuch

① Schreiben Sie die Formeln zur Berechnung der Zugfestigkeit und der Bruchdehnung mit den entsprechenden Formelzeichen.

$$\text{Zugfestigkeit} = \frac{\text{größte Zugkraft}}{\text{Anfangsquerschnitt}}$$

$$\text{Bruchdehnung} = \frac{\text{Verlängerung}}{\text{Anfangsmesslänge}} \cdot 100\ \%$$

② An einer Universalprüfmaschine wird eine Zugprobe vorgenommen. Der Durchmesser des Prüfstabs aus Stahl beträgt 15 mm. Bei der Streckung des Prüfstabs (Fließen des Materials) zeigt die Prüfmaschine eine Zugkraft von 90 kN an, bei seiner Einschnürung 120 kN. Berechnen Sie die Streckgrenze und die Zugfestigkeit des Stahls.

③ Der Prüfstab mit Durchmesser 15 mm hat vor dem Zugversuch eine Länge von 160 mm, beim Bruch eine Länge von 182 mm. Berechnen Sie die Dehnung bis zum Bruch (Bruchdehnung) in %.

E Kerbschlagbiegeversuch

Pendelschlagwerk

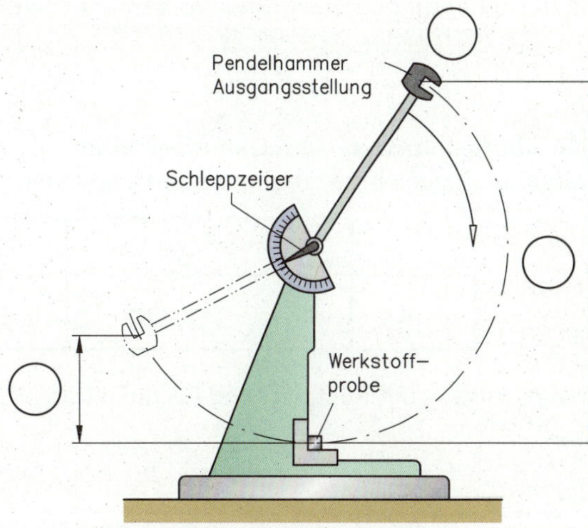

Pendelschlagwerk (Skizze)

① Beschreiben Sie den Kerbschlag-Biegeversuch mit dem Pendelschlagwerk.

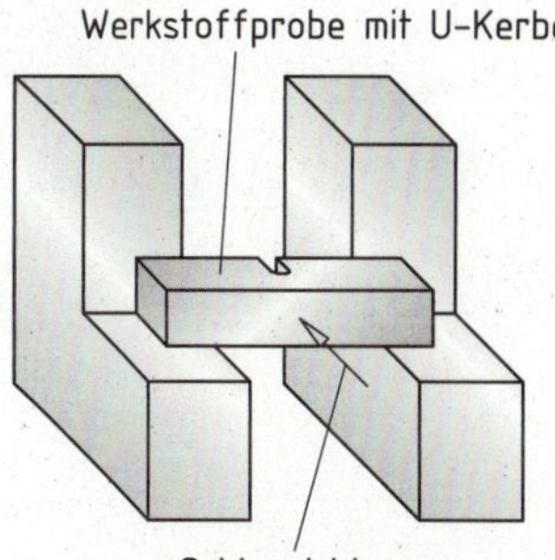

② Erläutern Sie die Formel der Kerbschlagarbeit und ergänzen Sie in der Skizze des Pendelschlagwerks die Formelzeichen.

$K = F_G \cdot (h_1 - h_2)$

K Kerbschlagarbeit in Joule (1 J ≙ 1 Nm)

F_G

h_1

h_2

③ Was kann am Schleppzeiger oder an der elektronischen Anzeige abgelesen werden?

④ Welche Werkstoffeigenschaft wird im Kerbschlagbiegeversuch ermittelt?

⑤ Welche Möglichkeiten gibt es in der Werkstatt, um die Kerbschlagarbeit bzw. Zähigkeit eines Werkstücks aus Stahl zu erhöhen? Wodurch wird sie reduziert?

Erhöhung der Kerbschlagarbeit	Reduzierung der Kerbschlagarbeit

F Zerstörungsfreie Prüfungen

① Was kann mit zerstörungsfreien Prüfungen ermittelt werden?

② **Prüfen mit Röntgenstrahlen und Gammastrahlen**
Welche Materialdicken können Röntgen- und Gammastrahlen durchdringen?

	Röntgenstrahlen	Gammastrahlen
Stahl	______ mm	______ mm

Was ist beim Umgang mit Röntgen- und Gammastrahlen besonders zu beachten?

③ **Ultraschallverfahren**

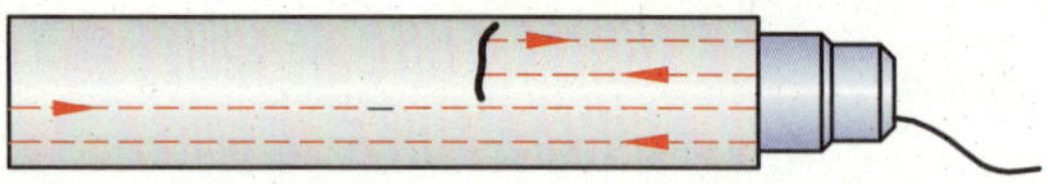

Wie geht das Ultraschallverfahren vor sich?

④ **Magnetpulververfahren**

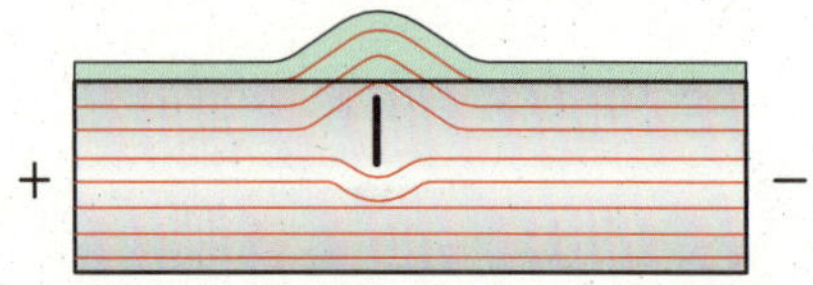

Wie geht das Magnetpulververfahren vor sich?

⑤ **Eindringverfahren (Kapillarverfahren, Penetrierverfahren)**
Die Verfahrensschritte des Eindringverfahrens sind im Folgenden durcheinandergeraten. Bringen Sie diese in die richtige Reihenfolge von ① ... ⑥.

- ◯ Das Werkstück wird vom roten Farbstoff gereinigt.
- ◯ Das Werkstück wird mit rotem Farbstoff besprüht.
- ◯ Das Werkstück wird mit weißem Farbstoff besprüht.
- ◯ Der rote Farbstoff dringt in eventuell vorhandene Risse ein.
- ◯ Der weiße Farbstoff zieht eventuell vorhandenen roten Farbstoff aus den Rissen.
- ◯ Eventuell vorhandene Risse werden auf der weißen Oberfläche sichtbar.

Welchen Nachteil bei der Erkennung von Werkstofffehlern hat dieses Prüfverfahren?

A Optimieren durch bessere Werkzeuge

① Nennen Sie Verbesserungsmöglichkeiten beim Spanen mit geometrisch bestimmter Schneide.

② Zählen Sie verschiedene Verschleißerscheinungen, z. B. eines Fräsers, auf.

③ Die Tabelle enthält die Schneidstoffgruppen für das Spanen mit geometrisch bestimmter Schneide nach DIN ISO 513. Tragen Sie in die Tabelle die fehlenden Kurzzeichen ein.

H – Hartmetall	
HW	Hartmetall auf Wolframcarbid-Basis
	Cermet (TiC,TaC/TiN)
	Feinkorn-Hartmetall
HC	Beschichtetes Hartmetall (Cermet)
C – Schneidkeramik	
	Oxidkeramik auf Al_2O_3-Basis
CM	Mischkeramik
	Nitridkeramik auf Si_3N_4-Basis
	Beschichtete Keramik
CR	Whisker-/Faserverstärkte Keramik
D – Diamant	
DM	Monokristalliner Diamant
	Polykristalliner Diamant (PKD) mit Bindemittel
DD	Polykristalliner Diamant (PKD) ohne Bindemittel
B – Bornitrid	
BL	Polykristallines kubisches Bornitrid mit niedrigem PcBN-Anteil (40–65 %)
	Polykristallines kubisches Bornitrid mit hohem PcBN-Anteil (70–95 %)
	PcBN wie oben, jedoch beschichtet

④ Warum werden Werkzeuge häufig beschichtet?

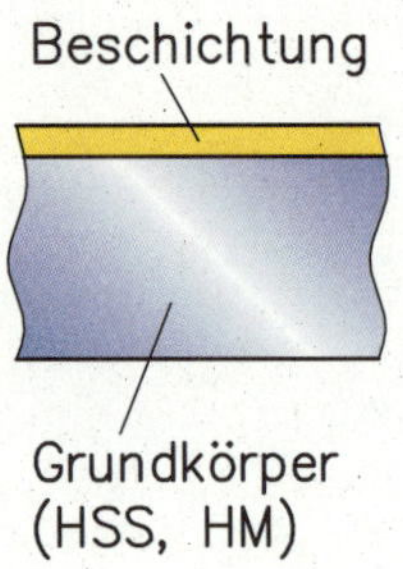

Gründe für die Beschichtung:

⑤ Womit werden Werkzeuge beschichtet?

B Optimieren durch veränderte Kühlschmierbedingungen

① Welche Aufgaben haben **Kühlschmierstoffe (KSS)**?

② Bei der Trockenbearbeitung wird auf KSS-Einsatz völlig verzichtet.

Gründe für die Trockenbearbeitung:

Bedingungen bei Trockenbearbeitung:

③ Welche Vorteile und Nachteile hat die **Minimalmengenschmierung (MMS)**?

Vorteile:

Nachteile:

C Optimieren durch veränderte Fertigungsverfahren

① **Hochgeschwindigkeitsfräsen (HSC-Fräsen)**

a) Was bedeutet die Abkürzung HSC?

HSC ≙ ______

b) Was sind die wesentlichen Unterschiede des HSC-Fräsens zum konventionellen Fräsen?

HSC-Fräsen

c) Welche Vorteile bringt das HSC-Fräsen?

HSC-Fräsen

② **Fräsen mit hoher Vorschubgeschwindigkeit (HFC-Fräsen)**

a) Was bedeutet die Abkürzung HFC?

HFC ≙ ______

b) Was soll durch das HFC-Fräsen erreicht werden?

Vorschubgeschwindigkeit
↓
Drehmoment der Spindel
↓
Zeitspanvolumen
↓
Wirtschaftlichkeit

③ **Hartbearbeitung (Hartdrehen)**

Welche Vorteile hat das Hartdrehen?

Hartdrehen

A Funkenerosives Abtragen (Erodieren)

① Wie bezeichnet man die beiden Verfahren des Erodierens?

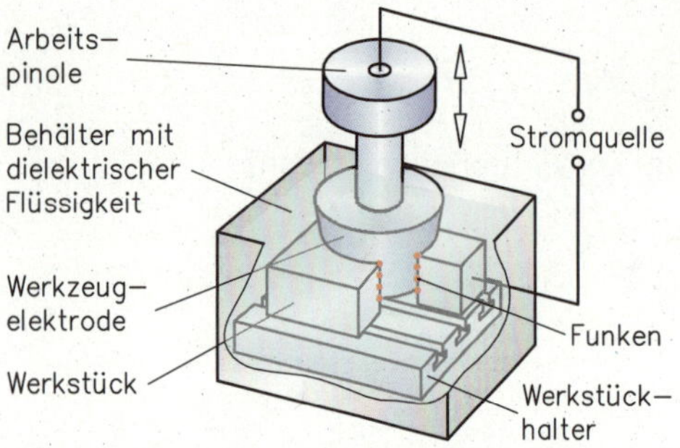

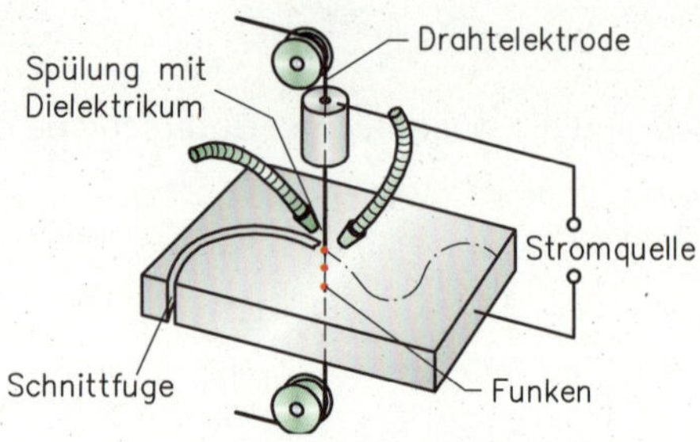

In welchen Fällen wird das Erodieren angewendet?

② Wie funktioniert das Erodieren grundsätzlich?

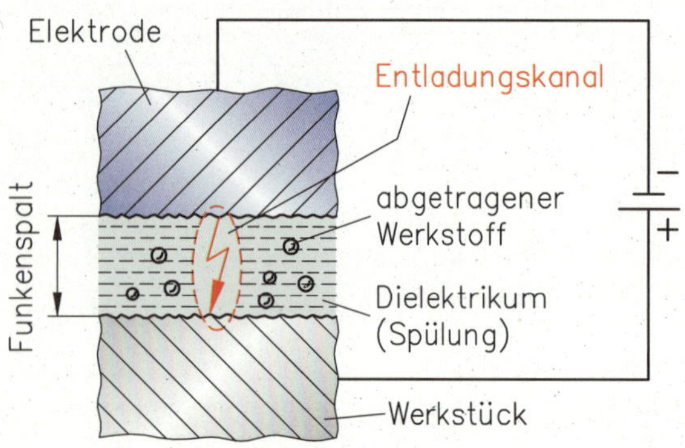

a) Werkstück und Elektrode befinden sich in einer elektrisch nicht leitenden Flüssigkeit, die ____________ genannt wird.

b) Zwischen Elektrode und Werkstück werden elektrische ____________ erzeugt.

c) Die von den Funken getroffenen Werkstoffteilchen ____________ und ____________.

d) Die im Dielektrikum wieder erstarrten Werkstoffteilchen werden ____________.

③ Welche technischen Bedingungen sind beim Erodieren notwendig?

Strom:

Größe des Funkenspalts:

Vorschub:

④ Aus welchen Stoffen kann ...

das Dielektrikum bestehen?

die Elektrode bestehen?

B Herstellung von Bauteilen durch Laserbearbeitung

① Laserstrahl

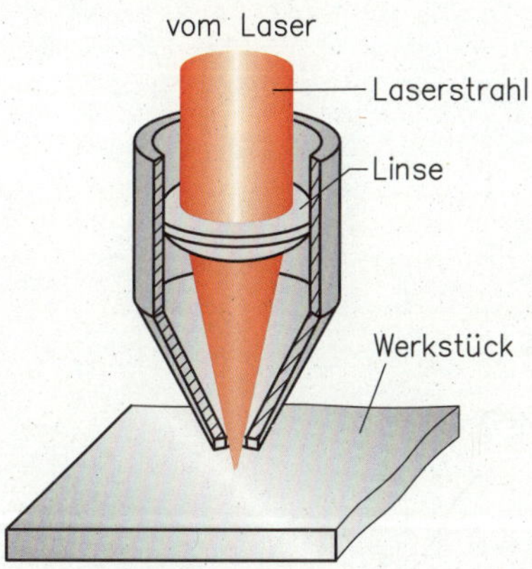

a) Welche Besonderheiten hat ein Laserstrahl?

b) Wozu werden Laserstrahlen in der Metalltechnik eingesetzt?

② Laserschneiden

a) Welche Besonderheit hat der Laserkopf beim Laserschneiden?

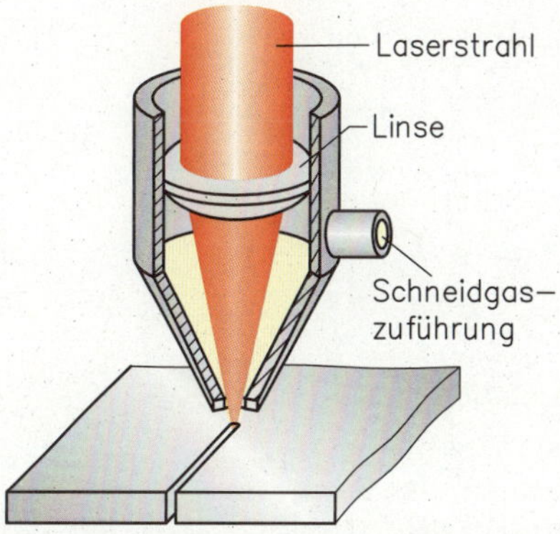

b) Die Schnittfuge entsteht beim Laserschneiden – je nach Werkstoff und verwendetem Schneidgas (Sauerstoff, Stickstoff, Argon, Helium, Druckluft) – auf unterschiedliche Weise. Man unterscheidet danach drei Verfahren des Laserschneidens. Notieren Sie, wie die Schnittfuge jeweils entsteht.

Laserbrennschneiden	Laserschmelzschneiden	Lasersublimierschneiden
Schnittfuge durch ______ des Werkstoffs	Schnittfuge durch ______ des Werkstoffs	Schnittfuge durch ______ des Werkstoffs

c) Bei welchen Werkstoffen wird das Laserschneiden angewendet?

C Herstellung von Bauteilen durch Sintern

① Was versteht man unter Sinterwerkstücken bzw. Sintern?

Sinterwerkstücke ≙ ______

Beispiele: ______

______

Sintern ≙ ______

______

② In welche Hauptabschnitte lässt sich die Herstellung von gesinterten Werkstücken einteilen?

1. ______

2. ______

3. ______

4. ______

evtl.

5. ______

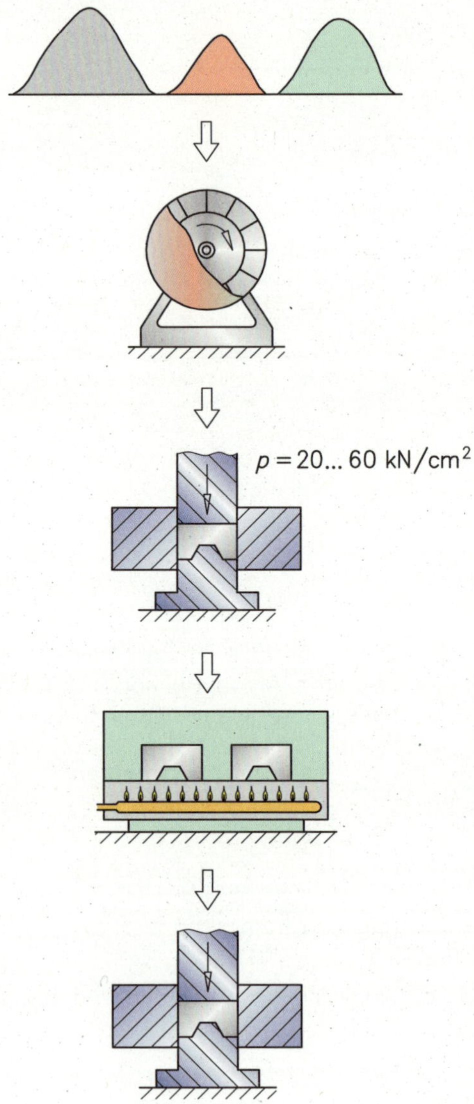

③ Welche Vorteile haben Werkzeugschneiden aus gesinterten Werkstoffen (Hartmetalle, Oxidkeramik) gegenüber solchen aus Schnellarbeitsstahl?

Vorteile Hartmetalle Oxidkeramik
- ______
- ______
- ______
- ______

Lernfeld 10

Umweltschutz in einem Fertigungsbetrieb

8.1

① Bei der Behandlung ökologischer Themen tauchen oft die Begriffe „Recycling“, „Ressourcen“ und „Nachhaltigkeit“ auf. Wofür stehen diese Begriffe?

Recycling	Ressourcen	Nachhaltigkeit

② Worauf ist bei der Auswahl von Fertigungsverfahren und beim Betreiben von Fertigungsanlagen im Hinblick auf den Umweltschutz zu achten?

Fertigung ?

Mitarbeiter:

Umwelt:

③ Was ist bei der Beseitigung von Abfällen aus der spanenden Fertigung gemäß Abfallentsorgungsgesetz zu beachten?

④ Die Abluft muss von schädlichen Stoffen gereinigt werden. Welche schädlichen Stoffe können darin enthalten sein?

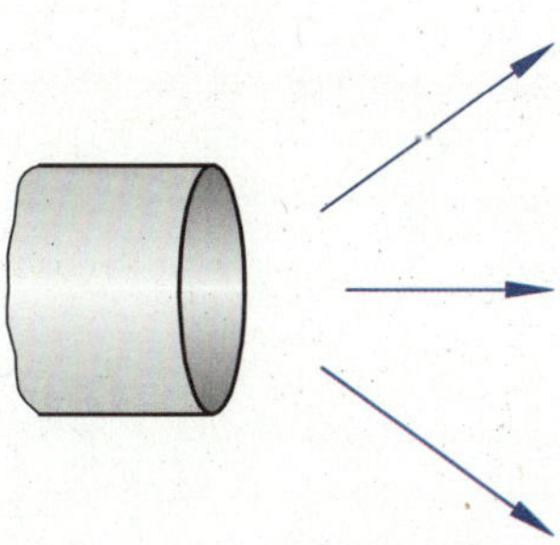

Feinstäube:

Dämpfe und Aerosole (Nebel):

Gase:

Problemstellung:

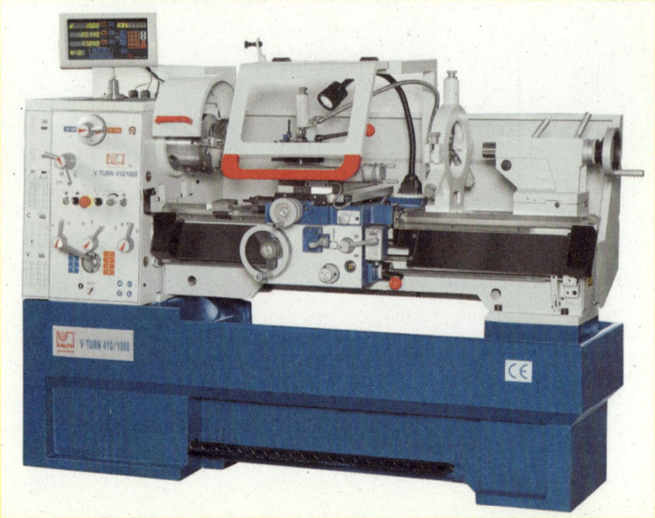

Beschreiben Sie, inwiefern der Dreher durch nachlässiges oder fehlerhaftes Handeln

sich selbst gefährden kann:	**die Maschine gefährden** kann:

Wie könnte der Dreher diese Gefahren vermeiden?

A Sicherheitseinrichtungen an Maschinen zum Schutz des Menschen

Menschen machen Fehler. Bei der Bedienung einer Maschine können sich diese für den Menschen oder die Maschine katastrophal auswirken. Deshalb sind moderne Maschinen meist so konstruiert, dass Schäden für Mensch und Maschine möglichst ausgeschlossen werden.

① Beispiel:
CNC-Drehmaschine

Nennen Sie Sicherheitseinrichtungen an modernen CNC-Maschinen und beschreiben Sie ihre Aufgabe.

1 ______________________________

2 ______________________________

3 ______________________________

4 ______________________________

5 ______________________________

6 ______________________________

② Wie bezeichnet man die folgenden Sicherheitseinrichtungen an Maschinen zum Schutz des Menschen?

a) Lichtstrahlen schirmen einen gefährlichen Bereich der Maschine ab. Wenn eine Hand die Lichtstrahlen schneidet, schaltet die Maschine ab. (Sicherheitseinrichtung bei Pressen) } ______

b) Ein Schalter muss gleichzeitig mit beiden Händen betätigt werden. (Sicherheitseinrichtung bei Pressen) } ______

c) Die Maschine kann nur in Betrieb genommen werden, wenn mittels eines eigenen Schlüssels ein Schalter betätigt wird. } ______

③ Industrieroboter haben mehrfache Sicherheitseinrichtungen. Tragen Sie die Ziffern der Beschreibungen in das Bild ein.

① **Sicherheitsraum** (kann während der Roboterarbeit nicht betreten werden)

② **Sicherheitstür** mit elektrischer Verriegelung

③ **Not-Aus-Schalter**

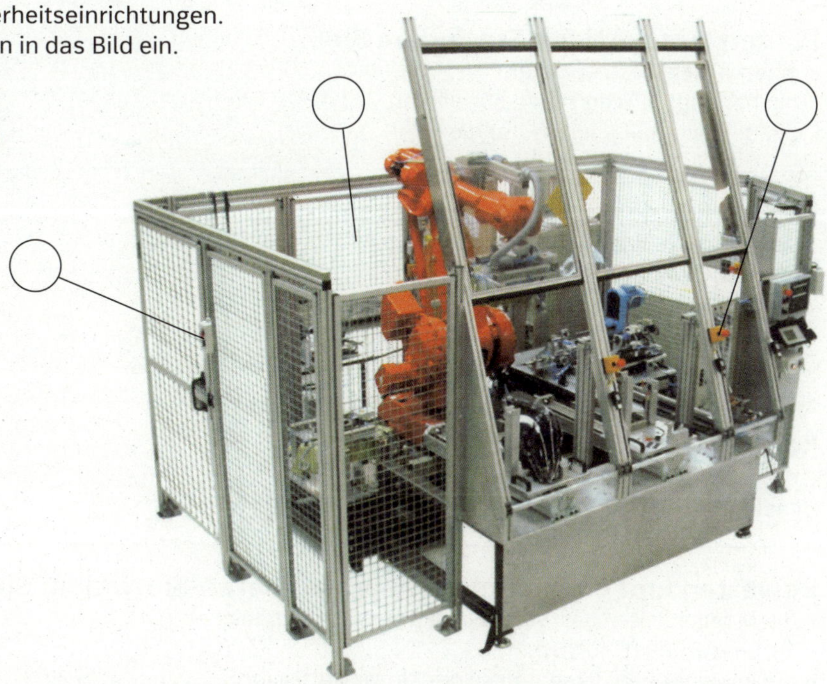

B Sicherheitseinrichtungen an Maschinen zum Schutz der Maschine (Beispiele)

① Wie kann bei einer Drehmaschine technisch verhindert werden, dass Schlitten und Drehmeißel gegen Drehfutter oder Reitstock fahren?

______

______

______

______

② Wie können Motoren und Getriebe von Werkzeugmaschinen vor Überlastung geschützt werden?

Schutz vor Überlastung

______

Bauarten: ______

______

______

______

③ Welcher Wartungsfehler kann bei Maschinen zu schweren Schäden führen?

______ ⇒ **Maschinenschaden**

Erstellen Sie die Werkzeugliste für die Fertigung der Stellschraube (siehe S. 65) und vermessen Sie die Werkzeuge.

Informieren/orientieren Sie sich, indem Sie ...
- sich mit der Zeichnung vertraut machen,
- sich die Fertigung der Stellschraube überlegen,
- sich mit der Vermessung von Werkzeugen beschäftigen.

Planen/entscheiden Sie, indem Sie ...
- einen Arbeitsplan erstellen,
- die benötigten Werkzeuge auswählen,
- die Revolverbelegung bestimmen.

Führen Sie den Auftrag aus, indem Sie ...
- das externe Voreinstellgerät vorbereiten,
- die ausgewählten Werkzeuge vermessen,
- die Werkzeugliste erstellen,
- die Daten in die Steuerung eingeben,
- die Werkzeuge mit der richtigen Platznummer montieren.

Kontrollieren Sie, indem Sie ...
- die Montage der Werkzeuge prüfen,
- testen, ob die Werkzeuge richtig vermessen wurden.

Bewerten und dokumentieren/präsentieren Sie, indem Sie ...
- die Möglichkeiten der Werkzeugvermessung vergleichen,
- Verbesserungen suchen,
- die gewonnenen Erkenntnisse der Klasse vortragen.

Information

Werkzeugvermessung

CNC-Steuerungen berücksichtigen bei der Fertigung die Maße der verwendeten Werkzeuge. Dazu werden die Werkzeuge vermessen und die Ergebnisse als Korrekturwert im Werkzeugspeicher abgelegt. Die Korrekturwerte beziehen sich auf den Werkzeugträger-Bezugspunkt (≙ Werkzeugbezugspunkt).
Man unterscheidet die interne und die externe Werkzeugvermessung. Die Werkzeugdaten können aber auch konventionell ermittelt werden.

① Zeichnen Sie den Werkzeugbezugspunkt in die Zeichnung S. 53 ein.

② Benennen Sie die Einzelteile des abgebildeten Werkzeugs.

③ Tragen Sie die Korrekturwerte +Z (Länge) und +X (Querlage) in die Zeichnung ein.

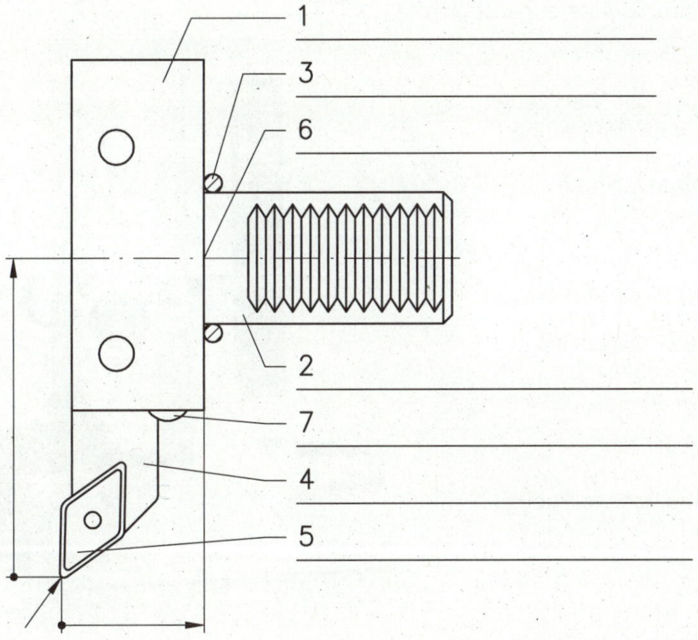

A Interne Werkzeugvermessung

Manche Maschinen besitzen eine eingebaute optische Messeinrichtung. Dazu fährt die Steuerung jedes einzelne Werkzeug unter das Fadenkreuz einer Optik und übernimmt die Korrekturmaße direkt in den Werkzeugspeicher.
Ein Vorteil interner Werkzeugvermessung ist, dass die Vermessung unter Nenndrehzahl erfolgen kann und somit auch Ungenauigkeiten beim Rundlauf ermittelt werden.
Außerdem eignet sich dieses Verfahren für die Werkzeugüberwachung während des Fertigungsprozesses. Das Werkzeug fährt während der Fertigung in bestimmten Intervallen in die Messeinrichtung und wird dort auf Beschädigung und Verschleiß überprüft.

B Externe Werkzeugvermessung

Die Voreinstellung und Vermessung der Werkzeuge erfolgt außerhalb der Maschine mit einem Werkzeug-Voreinstellgerät.

① Welche Korrekturwerte zeigt der abgebildete Bildschirm?

X ____________

Z ____________

R ____________

α_1 ____________ (≙ Spitzenwinkel)

α_2 ____________

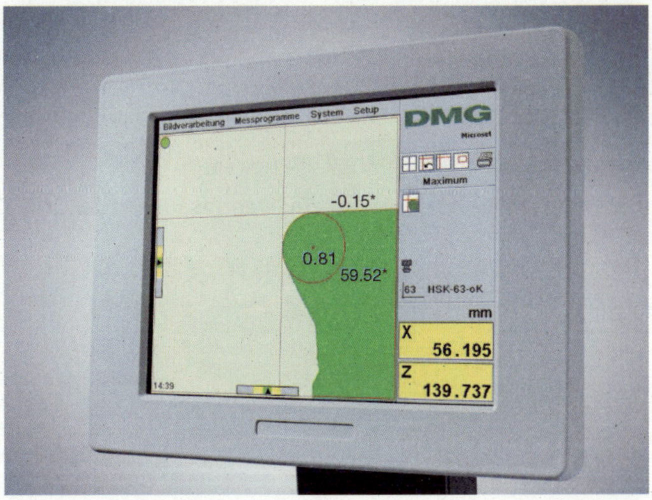

② Ordnen Sie die Ziffern am Voreinstellgerät den genannten Einzelteilen zu.

_____ Grobeinstellung des Werkzeugs mit pneumat. Achsklemmung

_____ Bildschirm mit Messdaten

_____ Werkzeug

_____ Aufnahme mit Adapter

_____ Optischer Projektor (Laser)

_____ Hauptschalter

_____ Etikettendrucker

_____ Feineinstellung des Werkzeugs

_____ Maus

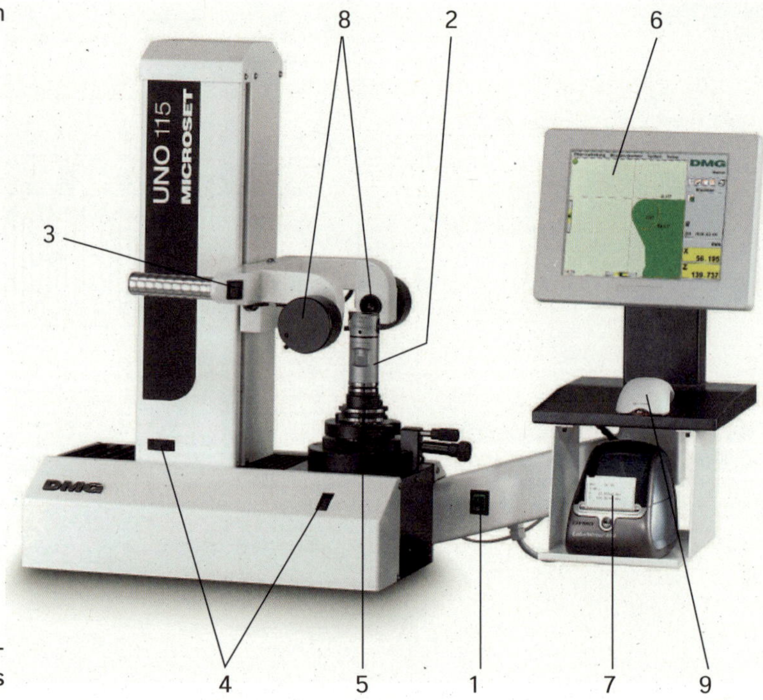

③ Notieren Sie die Handlungsschritte bei der externen Ermittlung der Korrekturwerte mithilfe des oben abgebildeten Voreinstellgeräts.

C Konventionelle Werkzeugvermessung

Wenn keine interne oder externe Werkzeugvermessung vorhanden ist, können die Werkzeugdaten auch konventionell ermittelt werden.
Dazu werden die Maße mit einfachen Messmitteln am Werkzeug gemessen oder direkt in der Werkzeugmaschine durch Ankratzen oder Andrehen eines Zapfens am Werkstück ermittelt.

① Erläutern Sie, wie die Werkzeugvermessung in der CNC-Drehmaschine ohne optische Einrichtung durchgeführt werden kann.

X-Wert (Querlage):

Z-Wert (Länge):

D Werkzeuge und Schnittdaten beim Drehen

Technologische Daten für die Bearbeitung von Stählen mit niedriger Festigkeit:

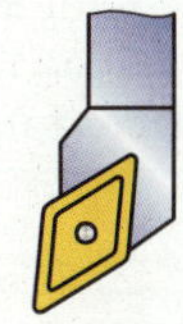

Richtwerte

Werkzeug-Nr.	**T 1**	**T 2**	**T 3**
Benennung	Drehmeißel li Außen-Schrupp	Drehmeißel li Außen-Schrupp	Drehmeißel li Außen-Schlicht
Plattenwinkel	80°	55°	35°
Schneidenradius	0,8 mm	0,8 mm	0,4 mm
Schnittgeschw. v_c	200 m/min	200 m/min	230 m/min
Schnitttiefe a_p max	5 mm	4 mm	0,5 mm
Vorschub	0,3 mm/0,1 mm	0,3 mm/0,1 mm	0,1 mm/0,05 mm

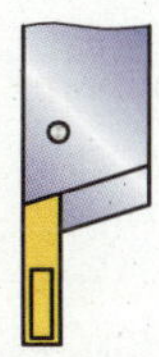
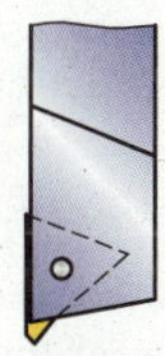
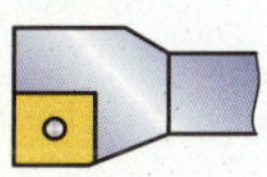

Werkzeug-Nr.	**T 4**	**T 5**	**T 6**
Benennung	Stechmeißel Außen li	Gewindemeißel Außen re	Vollbohrer
Maße	4 mm	60°	⌀ 25 mm
Schneidenradius	0,2 mm	0,2 mm	
Schnittgeschw. v_c	120 m/min	100 m/min	160 m/min
Schnitttiefe a_p max	20 mm		
Vorschub	0,1 mm/0,05 mm	P 1,5 mm	0,14 mm

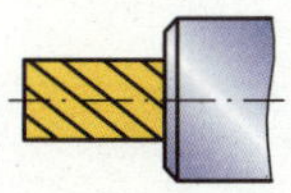

Werkzeug-Nr.	**T 7**	**T 8**	**T 9**
Benennung	Drehmeißel li Innen-Schrupp	Drehmeißel li Innen-Schlicht	Fräser angetriebenes WZ
Querauslage	18 mm	16 mm	3 Schneiden
Maße	80°	55°	⌀ 16
Schneidenradius	0,8 mm	0,4 mm	
Schnittgeschw. v_c	180 m/min	230 m/min	HSS 35 m/min
Schnitttiefe a_p max	3 mm	0,5 mm	5 mm
Vorschub	0,2 mm/0,1 mm	0,1 mm/0,05 mm	0,05 mm/Z

Planung

Erstellen Sie eine Vorplanung für die Herstellung der Stellschraube (siehe S. 64) und wählen Sie die benötigten Werkzeuge (siehe S. 55) aus. Geben Sie die Werkzeuge nicht mit ihren Nummern an, sondern tragen Sie sie in Kurzform mit den wesentlichen Angaben ein.

Nr.	Arbeitsfolge	Werkzeug
1		
2		
3		
4		
5		
6		

Ausführung

Erstellen Sie die Werkzeugliste für den Revolver einer CNC-Drehmaschine mit 12 Werkzeugstationen und einer Steuerung Siemens 840D.
Lassen Sie jeden zweiten Platz in der Werkzeugliste frei.

a) Skizzieren Sie in der Spalte „Typ" das Werkzeug in der Einbaulage.
b) Tragen Sie in der Spalte „Werkzeugname" die Werkzeuge nicht mit ihren Werkzeugnummern ein, sondern in Kurzform mit den wesentlichen Angaben.
c) Ergänzen Sie die Werkzeugliste mit bekannten Angaben (vgl. D).
d) Vermessen Sie die Werkzeuge und tragen Sie die X- und Z-Werte in die Werkzeugliste ein.

Werkzeugliste

Platz	Typ	Werkzeugname	DP	Länge X	Länge Z	Radius	Richtung	Einstellwinkel	Plattenwinkel	Plattenlänge	M3 M4	M8
1			1									
2												
3			1									
4												
5			1									
6												
7			1									
8												
9			1									
10												
11			1					Schneiden				
12												

Kontrolle

① Wie können Sie an der CNC-Drehmaschine die ermittelten Werkzeugdaten überprüfen?

② Wie wirkt sich ein nicht eingegebener Schneidenradius beim CNC-Drehen aus?

③ Was bedeutet die „Äquidistante" beim CNC-Fräsen?

④ Was muss bei der Vermessung von Fräswerkzeugen mit mehreren Schneiden beachtet werden?

Bewertung

① Welche Vorteile bietet die externe Werkzeugvermessung?

② Übersetzen Sie folgende Adressen aus einem CNC-Programm.

Adresse	Englisch	Deutsch
T		
S		
F		
M		

Das Programmieren von CNC-Maschinen und CNC-Bearbeitungszentren hat sich in den letzten Jahren stark verändert. Früher wurden die CNC-Programme ausschließlich durch Programmierung nach DIN 66025 erstellt. Die DIN-Programmierung hat aber zwei wesentliche Nachteile: Sie ist zeitlich aufwendig und fehleranfällig.
Aus diesem Grund wurden von Maschinenherstellern und Softwarefirmen neue Programme entwickelt, die das Programmieren vereinfachen. Diese Programme werden rechnerunterstützt aus der technischen Zeichnung heraus (= aus der „Geometrie" heraus) entwickelt. Die Kontur wird mit Elementen (Gerade, Schräge, Kreis) grafisch aufgebaut. Ein Geometrieprozessor übernimmt die Berechnung von unbekannten Konturpunkten.
Wenn eine CAD-Zeichnung vorhanden ist, werden die Konturdaten direkt übernommen. Zur Übergabe von CAD-Daten wird als Schnittstelle häufig das Datenformat DXF gewählt.
Die einzelnen Konturzüge müssen durch technologische Parameter, wie z. B. Werkzeug, Drehzahl, Vorschub und Anfahrweg, ergänzt werden.

Bei der grafischen Programmierung an einem externen Programmierplatz ergeben sich folgende Arbeitsgänge:

Geometrie erstellen → Arbeitsplan erstellen → mit Postprozessor NC-Programm schreiben lassen → NC-Programm simulieren → NC-Programm an Maschine senden

(Das Programm kann aber auch direkt an der Maschine mit Arbeitsschrittprogrammierung mit grafischer Unterstützung erstellt werden).

A Formplatte

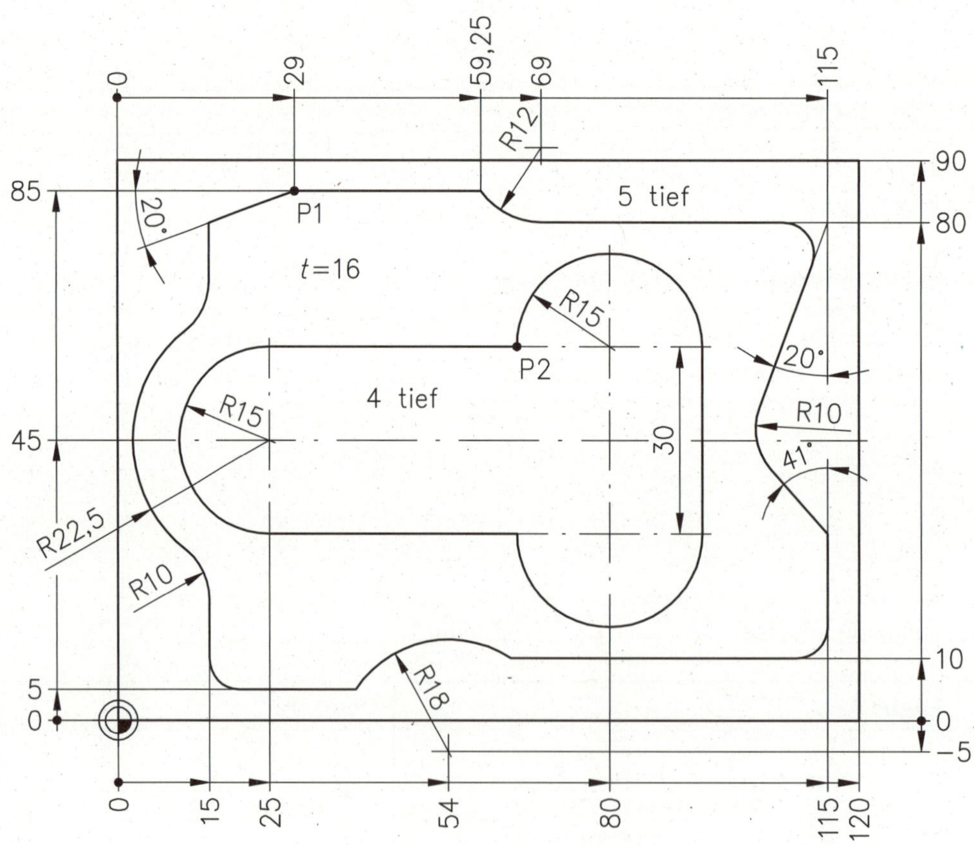

unbemaßte Radien R=5

① Erstellen Sie die grafische Kontur für die gezeichnete Formplatte. Wählen Sie als Startpunkt für die Außenkontur P1 und für die Innenkontur P2.
Verwenden Sie dazu die abgebildeten Piktogramme. Unbekannte Koordinatenpunkte versehen Sie mit einem Fragezeichen.

Strecke ↔	Strecke ↕	Strecke ↘	Strecke ↗
Bogen ↻	Bogen ↺	Fase	Rundung

Kontur der Formplatte

Neue Datei erstellen **R** **X** **Y**

Erstellen Rohteil

Erstellen Außenkontur Tiefe

Startpunkt

nicht tangential

Winkel

Winkel

nicht tangential Mittelp.

nicht tangential Mittelp.

Winkel

Anschließend werden noch die verlangten Rundungen am Werkstück eingefügt.

Erstellen Innenkontur **R** **X** **Y** Tiefe

Startpunkt

Grafische Kontur der Formplatte

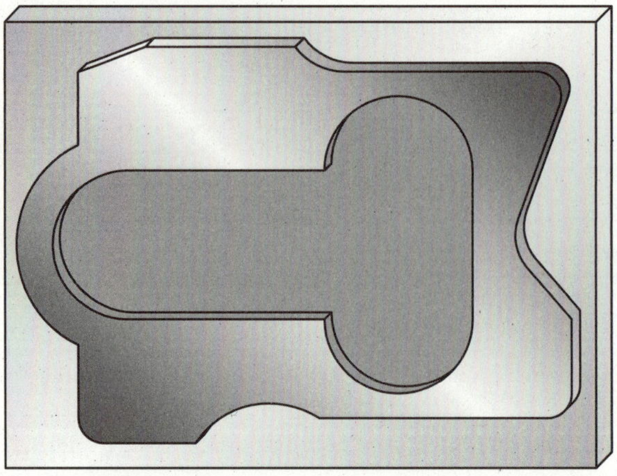

B Werkzeuge und Schnittdaten beim Fräsen

Technologische Daten

Werkzeug-Nr.	**T1**	**T2**	**T3**	**T4**	**T5**
Benennung	NC-Anbohrer	Entgrater	Schaftfräser Schrupp	Schaftfräser Schlicht	Schaftfräser mit Zentrumschnitt
Durchmesser	12 mm	12 mm	20 mm	20 mm	20 mm
Schneidstoff	HSS	VHM (Vollhartmetall)	HSS	HSS	HSS
Schnittgeschw. S235JR AlMg...	30 m/min 70 m/min	80 m/min 160 m/min	35 m/min 100 m/min	35 m/min 100 m/min	35 m/min 100 m/min
Schnitttiefe a_p = max			12 mm	12 mm	10 mm
Anzahl der Schneiden		4	4	4	3
Vorschub	0,18 mm/U	0,025 mm/Z	0,06 mm/Z	0,05 mm/Z	0,05 mm/Z

Technologische Daten

Werkzeug-Nr.	**T6**	**T7**	**T8**	**T9**	**T10**
Benennung	Schaftfräser mit Zentrumschnitt	Schaftfräser mit Zentrumschnitt	Schaftfräser mit Zentrumschnitt	Bohrer	Gewindebohrer
Durchmesser	16 mm	10 mm	8 mm	6,8 mm	M8
Schneidstoff	HSS	HSS	HSS	HSS	HSS
Schnittgeschw. S235JR AlMg...	35 m/min 100 m/min	35 m/min 100 m/min	35 m/min 100 m/min	30 m/min 70 m/min	10 m/min 15 m/min
Schnitttiefe a_p = max	8 mm	4 mm	3 mm		
Anzahl der Schneiden	3	2	2		
Vorschub	0,04 mm/Z	0,02 mm/Z	0,02 mm/Z	0,15 mm/U	

① Welche Möglichkeiten gibt es, um den Eintauchvorgang eines Schaftfräsers (Langlochfräsers) zu programmieren?

② Was muss beim radialen Eintauchen beachtet werden?

③ Erstellen Sie zusätzlich das CNC-Programm für die Formplatte aus S235JR (siehe S. 58) mithilfe der DIN-PAL-Steuerung. Dazu sind einige Koordinatenpunkte zu berechnen, die bei der grafischen Programmierung vom Geometrieprozessor ermittelt werden.

- Wählen Sie als Startpunkt für die Außenkontur P1 und für die Innenkontur P2.
- Programmieren Sie beide Konturen im Gleichlauffräsen. Verwenden Sie die Werkzeuge und Schnittdaten von S. 60.
- Schreiben Sie das Programm für eine Senkrechtfräsmaschine; damit entfällt die Funktion G17.

Der Werkzeugwechselpunkt muss nicht programmiert werden, er wird mit Positionierlogik angefahren.

CNC-Programm der Formplatte

N	G		X	Y	Z	I	J		T	F	S	M
N1												
N2												
N3												
N4												
N5												
N6												
N7												
N8												
N9												
N10												
N11												
N12												
N13												
N14												
N15												
N16												
N17												
N18												
N19												
N20												
N21												
N22												
N23												
N24												
N25												
N26												
N27												
N28												
N29												
N30												
N31												
N32												

④ Vergleichen Sie die Programmierung mit grafischer Kontur bzw. Arbeitsschrittprogrammierung (siehe S. 59) mit der DIN-PAL-Programmierung.

C Gewindebolzen

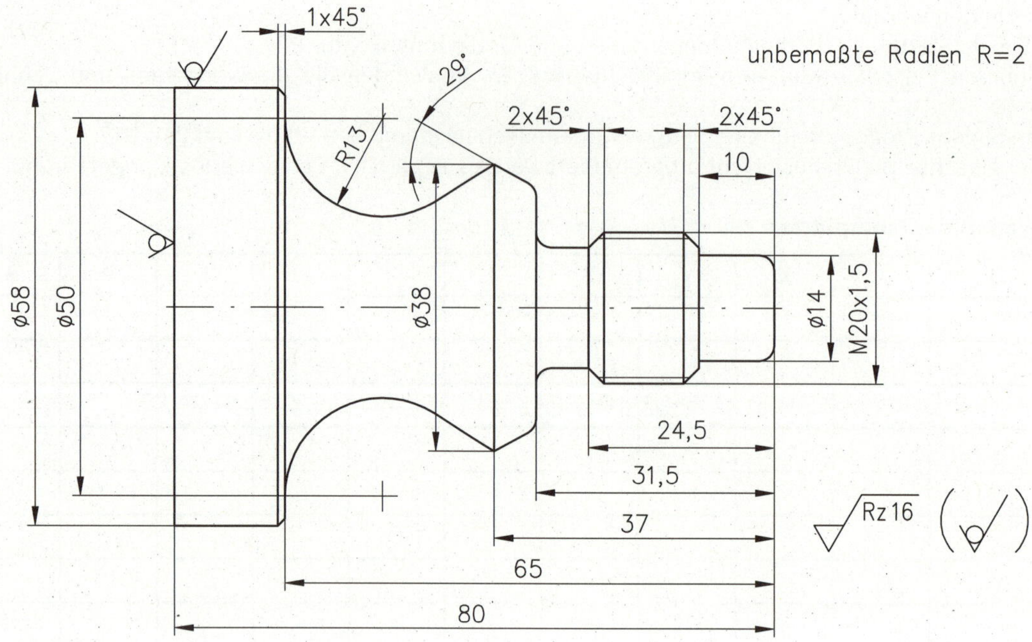

① Erstellen Sie die grafische Kontur für den Gewindebolzen oben mit einem vorhandenen grafischen Programm. Verwenden Sie dazu die Piktogramme S. 59 oder die Piktogramme Ihres eigenen grafischen Programms. Unbekannte Konturpunkte (Koordinatenpunkte) versehen Sie mit einem Fragezeichen.

Neue Datei erstellen

Erstellen Außenkontur **R** **X** **Y**

Startpunkt X 0 Z 0

tangential

tangential

Winkel

tangential Mittelpunkt

Fügen Sie anschließend die noch fehlende Rundung am Werkstück ein.

② Erstellen Sie den Arbeitsplan für den Gewindebolzen.

Nr.	Arbeitsgang	Werkzeug
1		
2		
3		
4		

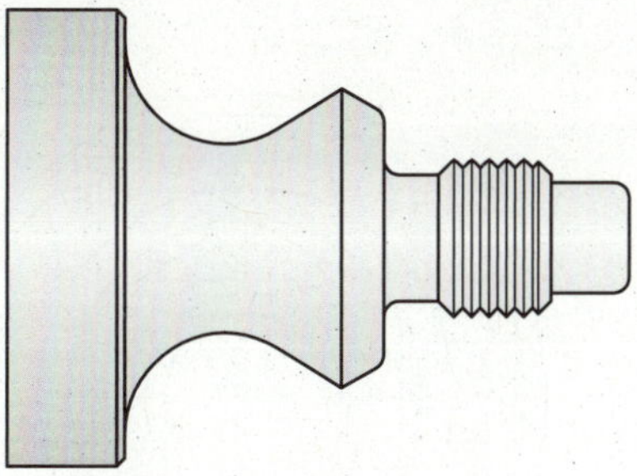

③ Erstellen Sie zusätzlich das CNC-Programm für den Gewindebolzen nach DIN-PAL. Das Rohteil aus C45 hat einen Durchmesser von 58 mm und eine Länge von 81 mm.
Die linke Planfläche ist bereits bearbeitet. Benötigte Konturpunkte sind zu berechnen.

N	G	X	Z	T	F	E	S				M
N1											
N2											
N3											
N4											
N5											
N6											
N7											
N8											
N9											
N10											
N11											
N12											
N13											
N14											
N15											
N16											
N17											
N18											
N19											
N20											
N21											
N22											
N23											
N24											
N25											
N26											
N27											
N28											
N29											
N30											
N31											
N32											
N33											
N34											
N35											
N36											

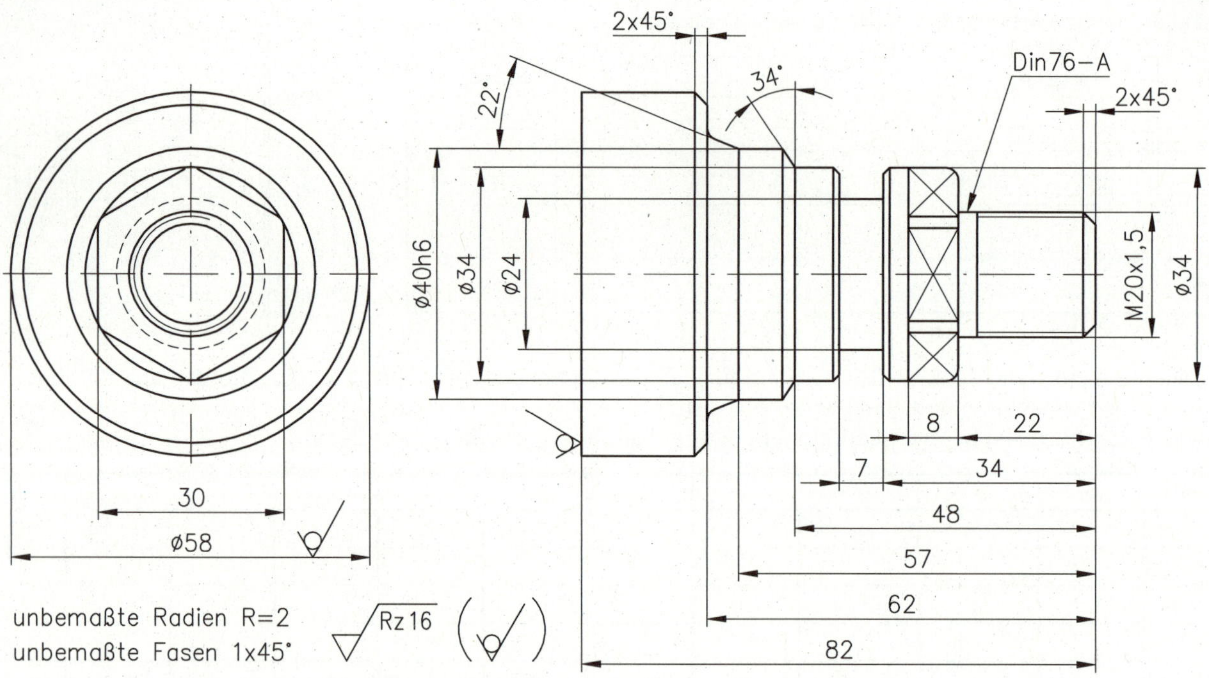

Die oben dargestellte Stellschraube aus C15 soll auf einer CNC-Drehmaschine gefertigt werden.
Die Werkstückmaße für die zweite Spannung betragen ø 58 x 83.

① Zeichnen Sie den Werkstücknullpunkt ein.

② Schreiben Sie den Arbeitsplan für die Stellschraube oder übernehmen Sie ihn von S. 56. Überlegen Sie sich noch einmal die Arbeitsfolgen. Verwenden Sie die Werkzeuge wie in der Werkzeugliste S. 56 angelegt.

Nr.	Arbeitsfolge	Werkzeug
1		
2		
3		
4		
5		
6		

③ Welche Ausstattung muss die CNC-Drehmaschine haben, um die Stellschraube mit Sechskant zu fertigen?

④ Erstellen Sie auf den S. 65–68 das CNC-Programm der Stellschraube für eine CNC-Drehmaschine mit der Maschinensteuerung Siemens 840D Shop Turn. Das Programm wird im Arbeitsschrittverfahren erstellt. Jeder Schritt erhält im Arbeitsplan seine technologischen Daten (siehe S. 55).
Orientieren Sie sich an den Erläuterungen und an den Hilfsskizzen.
Programmieren Sie das Schruppen im Längsschruppzyklus mit einem Aufmaß von 0,5 mm am Durchmesser und 0,1 mm an den Planflächen.
Begrenzen Sie die Drehzahl auf 2500 1/min.

CNC-Programm Stellschraube für die Steuerung Siemens 840D

Neues Programm erstellen

Neu

Bitte geben Sie den neuen Namen ein: ______

Programmkopf ausfüllen

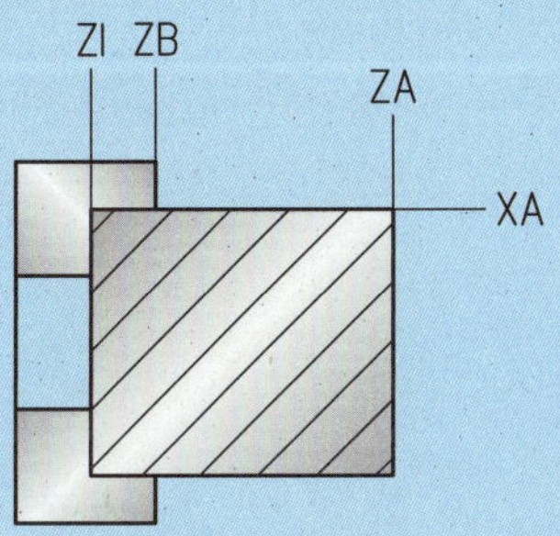

Programmkopf

NPV	______ G54 ______		Nullpunktverschiebung 1
Rohteil:	______		
XA	______	abs	Rohteil: Durchmesser
ZA	______	abs	Rohteil: rechte Kante ab Nullpunkt
ZI	______	abs	Rohteil: linke Kante ab Nullpunkt
ZB	______	abs	Spannmittel: ab Nullpunkt
Rückzug:	______		
XRA	______	abs	Start- und Endposition der Zyklen,
ZRA	______	ink	wird vom WKZ im G0 angefahren
Reitstock:	______		
Werkzeugwechselpunkt:	______		Maschinenkoordinatensystem
XT	______		Werkzeugwechselposition
ZT	______		absolut
Sicherheitsabstand:			
SC	______	ink	Abheben in den Zyklen
Drehzahlgrenzen:			
S4	______	U/min	maximale Drehzahl

Quer-Plandrehen Schruppen

Drehen **Abspanen**

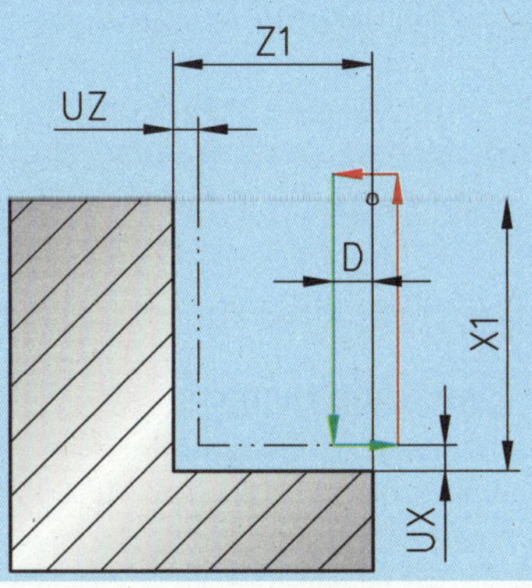

Abspanen 1

T	______	D1	
F	______	mm/U	
V	______	m/min	
Bearbeitung:	______		Schruppen
Lage:	______		Lage des Abspanzyklus
	______		Bearbeitungsrichtung
X0	______	abs	Startpunkt der Bearbeitung
Z0	______	abs	
X1	______	abs	Endpunkt der Bearbeitung
Z1	______	abs	
D	______	ink	max. Zustellung
UX	______	ink	Schlichtaufmaß in X
UZ	______	ink	Schlichtaufmaß in Z

Schreiben Sie den bisher erstellten Arbeitsplan:

Stellschraube		
N5		
N10		
	Programmende N=1	

Konturbeschreibung

Kontur Drehen **Neue Kontur**

Bitte geben Sie den neuen Namen ein:

Startpunkt X ___ abs Z ___ abs
FS ___ Übergang am Konturanfang

___ ___ abs ___ Übergang zum Folgeelement
___ ___ abs ___ ___ mm/U
___ ___ ° Zustellung
___ ___ abs ___ Übergang zum Folgeelement
___ ___ abs
___ ___ abs ___ °
___ ___ abs
___ ___ abs ___ ° ___ Übergang zum Folgeelement
___ ___ abs
___ ___ abs ___ abs

Kontur schruppen

Kontur drehen **Abspanen**

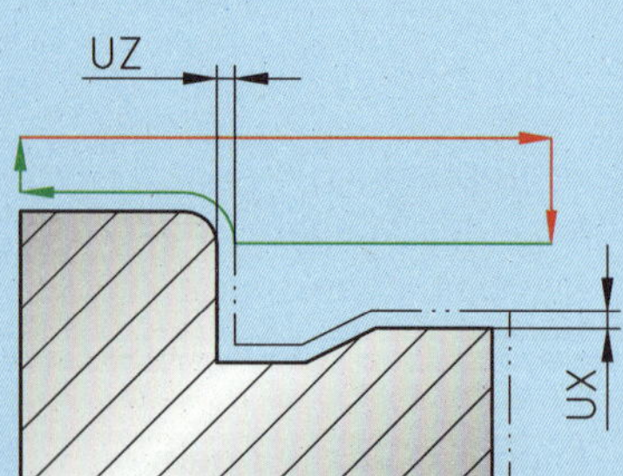

Abspanen
T ___ D1
F ___ mm/U
V ___ m/min
Bearbeitung: ___ Schruppen
___ Bearbeitungsrichtung
___ ___
D ___ max. Zustellung
UX ___ Schlichtaufmaß
UZ ___
DI ___ Vorschubunterbrechung
BL ___
XD ___ ink Aufmaß oder Zylindermaß
ZD ___ ink
Eingrenzen: ___ Bearbeitungsbereich
Hinterschnitte: ___
FR ___ mm/U Vorschub Hinterschnitte

Schreiben Sie den bisher erstellten Arbeitsplan:

Stellschraube		
N5		
N10		
N15		
N20		
	Programmende N = 1	

Kontur schlichten

Kontur drehen **Abspanen**

Abspanen			
T		D1	
F		mm/U	
V		m/min	
Bearbeitung:			Schlichten
			Bearbeitungsrichtung
Aufmaß:			
Eingrenzen:			
Hinterschnitte:			

Einstich programmieren

Drehen **Einstich** **Einstich 2**

Einstich 1 Gerader Einstich
Einstich 2 Einstich mit Fase/Radius
Einstich 3 Einstich mit Winkel

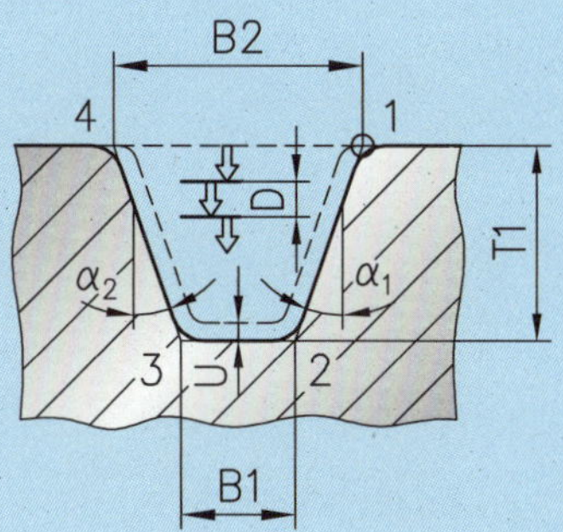

Einstich 2			
T		D1	
F		mm/U	
V		m/min	
Bearbeitung:			
Lage:			
X0		abs	Bezugspunkt
Z0		abs	
B2		ink	Einstichbreite oben
T1		abs	Einstichtiefe
α1		°	Flankenwinkel 1
α2		°	Flankenwinkel 2
FS1			Radius oder Fase
R2			
R3			
FS4			
D			max. Zustellung
U		ink	Schlichtaufmaß
N		ink	Anzahl der Einstiche

Schreiben Sie den bisher erstellten Arbeitsplan:

Stellschraube		
N5		
N10		
N15		
N20		
N25		
N30		
	Programmende	N=1

Gewinde programmieren

Drehen | **Gewinde**

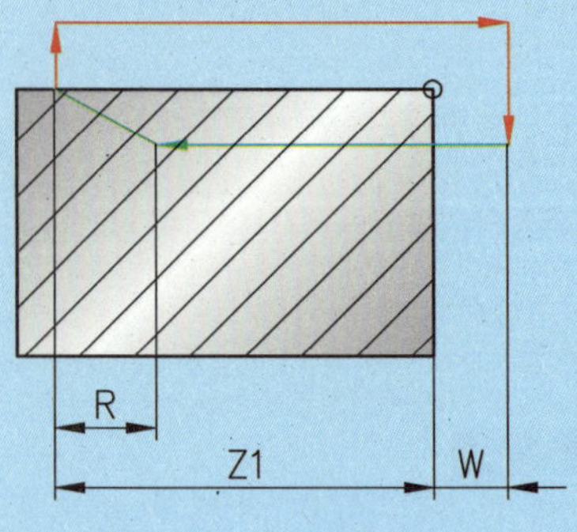

Gewinde Längs

T		D1	
P		mm/U	Steigung
G			Steigungsänderung
S		U/min	
Bearbeitung:			Schruppen und Schlichten
			Zustellung
X0		abs	Bezugspunkt
Z0		abs	
Z1		abs	Gewindelänge
W		ink	Gewindevorlauf
R		ink	Gewindeauslauf
K		ink	Gewindetiefe
α		°	Zustellwinkel
AS		mm	Erste Zustellung
U		ink	Schlichtaufmaß
NN			Leerschnitte
V		ink	Rücklaufabstand
Q		°	für mehrgängiges Gewinde

Fräsen des Sechskants

Fräsen | **Mehrkant**

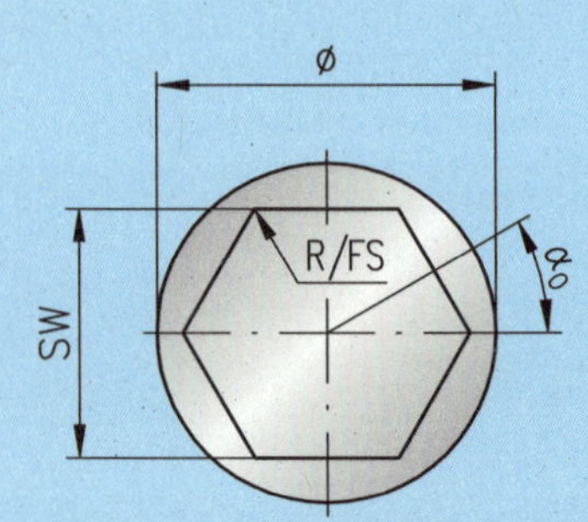

Mehrkant

T		D1	
F		mm/Zahn	
S		U/min	
Bearbeitung:			
ø		abs	Rohteil
Z0		abs	
N			Anzahl der Ecken
SW			Schlüsselweite
α0		°	Drehwinkel
FS1			Radius/Fase
Z1		abs	Tiefe
DZ		mm	max. Zustellung in Z
DXY		mm	max. Zustellung in XY
UZ		mm	Schlichtaufmaß in Z
UXY		mm	Schlichtaufmaß in XY

Erstellen Sie den gesamten Arbeitsplan:

Stellschraube		
N5		
N10		
N15		
N20		
N25		
N30		
N35		
N40		
	Programmende	N=1

⑤ Erstellen Sie zusätzlich das CNC-Programm für die Stellschraube mithilfe der DIN-PAL-Steuerung ohne Fräsen des Sechskants.
Verwenden Sie dieselben Angaben wie beim Programm der Maschinensteuerung.

CNC-Programm Stellschraube

N	G	X	Z	T	F	E	S			M	Kommentar
N1											
N2											
N3											
N4											
N5											
N6											
N7											
N8											
N9											
N10											
N11											
N12											
N13											
N14											
N15											
N16											
N17											
N18											
N19											
N20											
N21											
N22											
N23											
N24											
N25											
N26											
N27											
N28											
N29											
N30											
N31											
N32											
N33											
N34											
N35											
N36											
N37											

Problemstellung:

In Fertigungsbetrieben übernehmen heute immer mehr Maschinen Tätigkeiten, die bisher „von Menschenhand“ ausgeführt wurden.
Nennen Sie Beispiele für solche Tätigkeiten.

A Definition und Handhabungsbereiche

① Was versteht man unter dem Begriff „Handhaben“ in der Fertigungstechnik?

② Welche Tätigkeiten gehören zur Werkzeughandhabung?

③ Welche Tätigkeiten gehören zur Werkstückhandhabung?

B Arten von Handhabungssystemen

① Bei welchen Handhabungsgeräten werden alle Funktionen vom menschlichen Bediener (manuell) gesteuert? Wozu werden sie eingesetzt?

② Programmierbare Handhabungsgeräte sind entweder fest programmiert oder frei programmierbar.

a) Wie heißen fest programmierte Handhabungsgeräte und wodurch wird der Bewegungsablauf bestimmt?

b) Welche Handhabungsgeräte sind frei programmierbar?

C Industrieroboter

① Benennen Sie mithilfe der beschriebenen Teilfunktionen die verschiedenen Komponenten eines Industrieroboters.

Teilfunktion	Komponente
Aufnahme der Kräfte und Momente in den Gelenken und Armen des Roboters	
Bewegung an den Achsen mit vorgegebener Geschwindigkeit zur richtigen Position	
Signalerfassung, z. B. Erkennung der Lage von Objekten	
Messen der Lage, Geschwindigkeit und Beschleunigung der Achsen	
Programmablauf speichern, steuern und überwachen	
Greifen, Schweißen, Lackieren ...	

② Die Bewegungsmöglichkeit eines Roboters wird durch seine Achsen (Freiheitsgrade) bestimmt.

a) Wozu dienen die Hauptachsen, wozu die Nebenachsen?

Hauptachsen:

Nebenachsen:

b) Erläutern Sie die Begriffe R-Achse und T-Achse bei Robotern.

R-Achse:

T-Achse:

③ Welche Bauarten von Industrierobotern unterscheidet man?

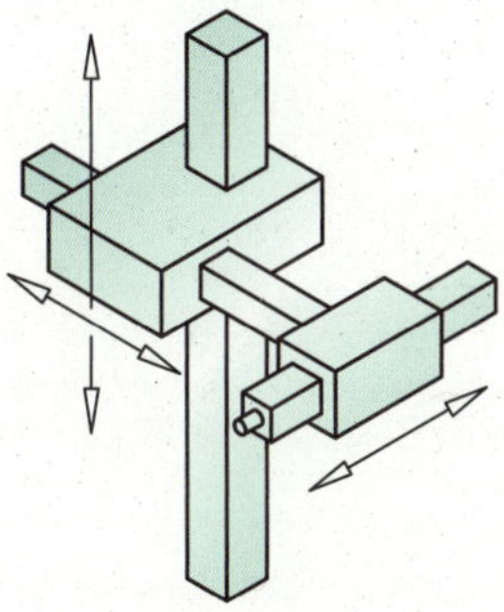

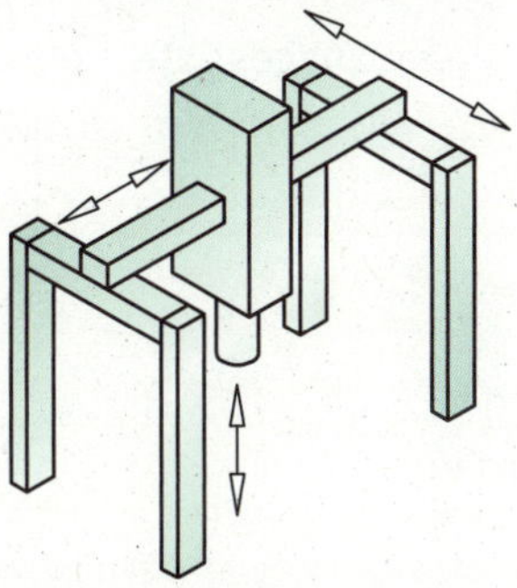

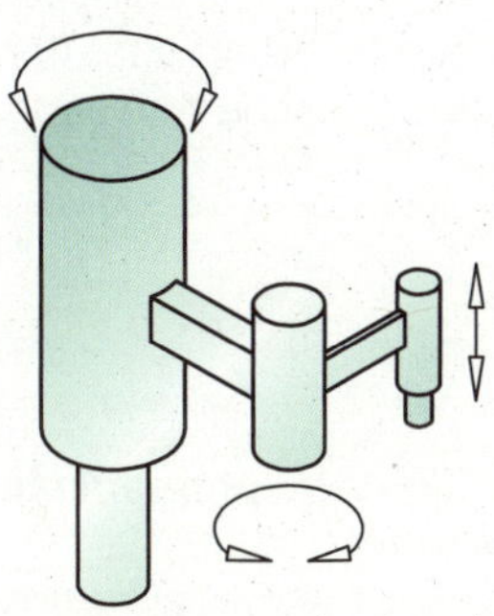

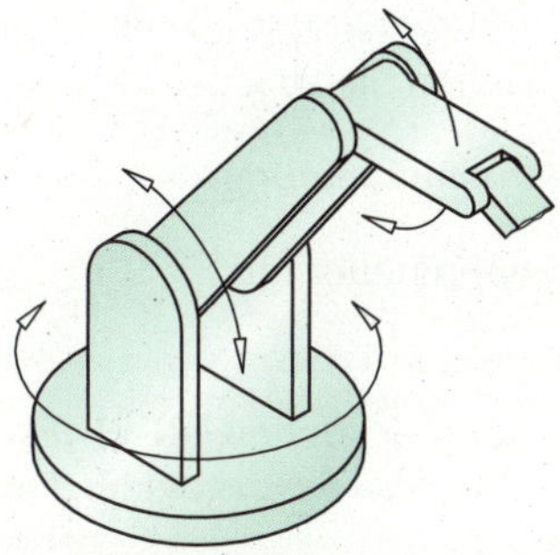

Bezeichnung:

Bezeichnung:

Bezeichnung:

Bezeichnung:

Verwendungszweck:

Verwendungszweck:

Verwendungszweck:

Verwendungszweck:

④ Die Beurteilung von Industrierobotern erfolgt u. a. auf der Grundlage ihrer Bewegungsachsen und ihrer Arbeitsräume. Nennen Sie weitere Leistungsmerkmale, die sich aus der Bauart ergeben.

⑤ a) Kennzeichnen Sie alle Achsen dieses Industrieroboters mit R oder T.
b) Welche Form hat sein Arbeitsraum?
c) Wie wird er richtig bezeichnet?

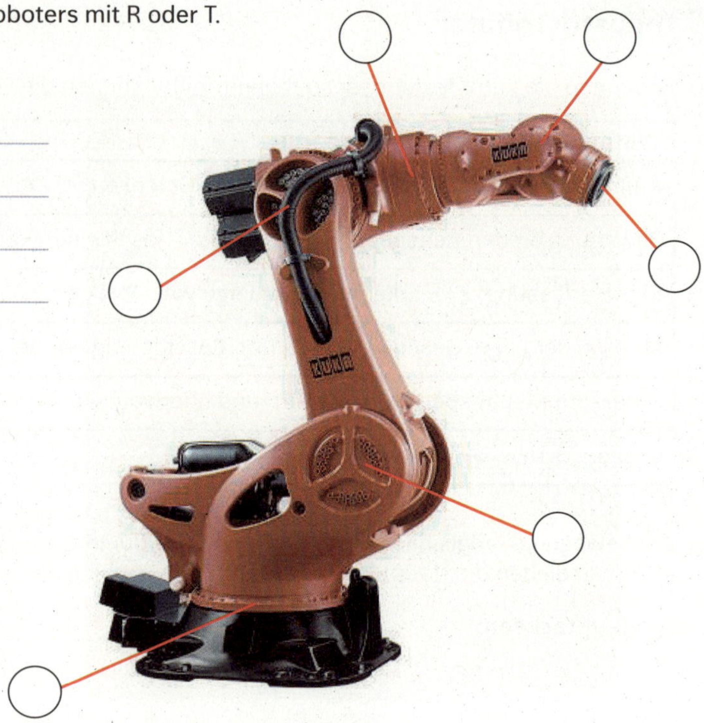

⑥ Für den wirklichen Einsatz eines Roboters sind Effektoren erforderlich.
a) Erklären Sie, was Effektoren sind und nennen Sie Beispiele.
b) Zählen Sie verschiedene Greifer auf.

⑦ Industrieroboter können mit Punktsteuerung oder Bahnsteuerung ausgestattet sein.
Geben Sie zu jeder der beiden eine typische Anwendung an.

Punktsteuerung:

Bahnsteuerung:

⑧ Roboter können ON-LINE oder OFF-LINE programmiert werden.
Erläutern Sie die beiden Fachbegriffe.

ON-LINE:

OFF-LINE:

Erläutern Sie die beiden Arten der ON-LINE-Programmierung.

ON-LINE

Teach-in-Programmierung | **Play-back-Programmierung**

① Zum Heben schwerer Lasten werden verschiedene Hilfsmittel verwendet.
Benennen Sie mit fachgerechten Begriffen das abgebildete Hebezeug.

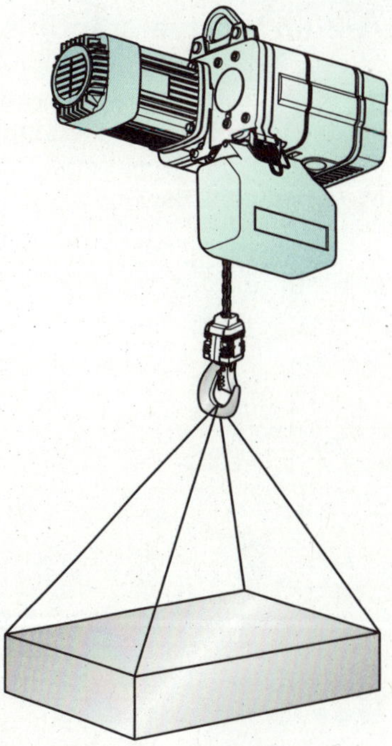

Hebezeug: ______________________

Tragmittel: ______________________

Anschlagmittel: ______________________
(Beispiele): ______________________

Last bzw. Lastaufnahmemittel:
(Beispiele): ______________________

____

② Das Bild zeigt eine 2-strängige Anschlagkette mit Aufhängeglied (oben) und 2 Kuppelschäkeln (unten). Sie darf mit einem maximalen Neigungswinkel von 60° verwendet werden. Ihre Tragfähigkeit ist wie folgt angegeben: 0°–45° 2000 kg/45°–60° 1400 kg.

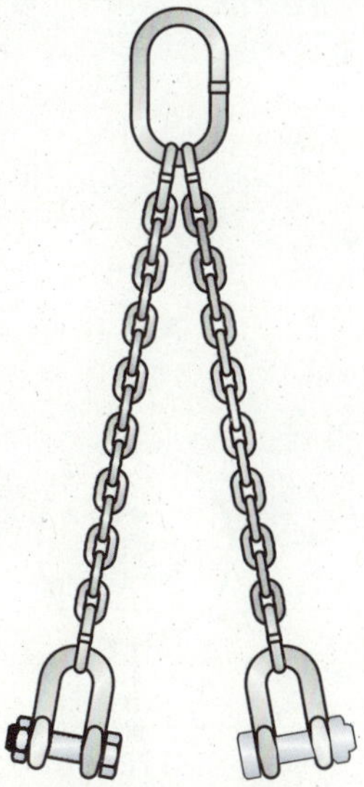

a) Welchen ungefähren Neigungswinkel zeigt die Darstellung?

____

b) Welcher Zusammenhang besteht zwischen Neigungswinkel und Tragfähigkeit?

____

____

c) Berechnen Sie für eine Last von 1000 kg die entstehenden Kräfte in den beiden Strängen bei verschiedenen Neigungswinkeln (Winkelfunktionen s. Tabellenbuch).

Neigungswinkel	10°	20°	30°	40°	50°	60°	70°	80°
Kraft je Strang:								

③ Was ist bei der Verwendung von Hebezeugen zu beachten?

____

____

____

____

____

____

____

____

A Zum Wortverständnis

Die Begriffe „Industrie 4.0“ – ebenso 1.0, 2.0 und 3.0 – kommen aus der Computersprache und bezeichnen Abschnitte in der technisch/industriellen Entwicklung der Neuzeit und Gegenwart, eng verbunden mit Erfindung und Einsatz neuer Maschinen und Arbeitsverfahren. Andere Bezeichnungen dafür sind auch: erste industrielle Revolution, zweite industrielle Revolution, usw.

① Ergänzen Sie von ihren Geschichtskenntnissen her die folgende Skizze.

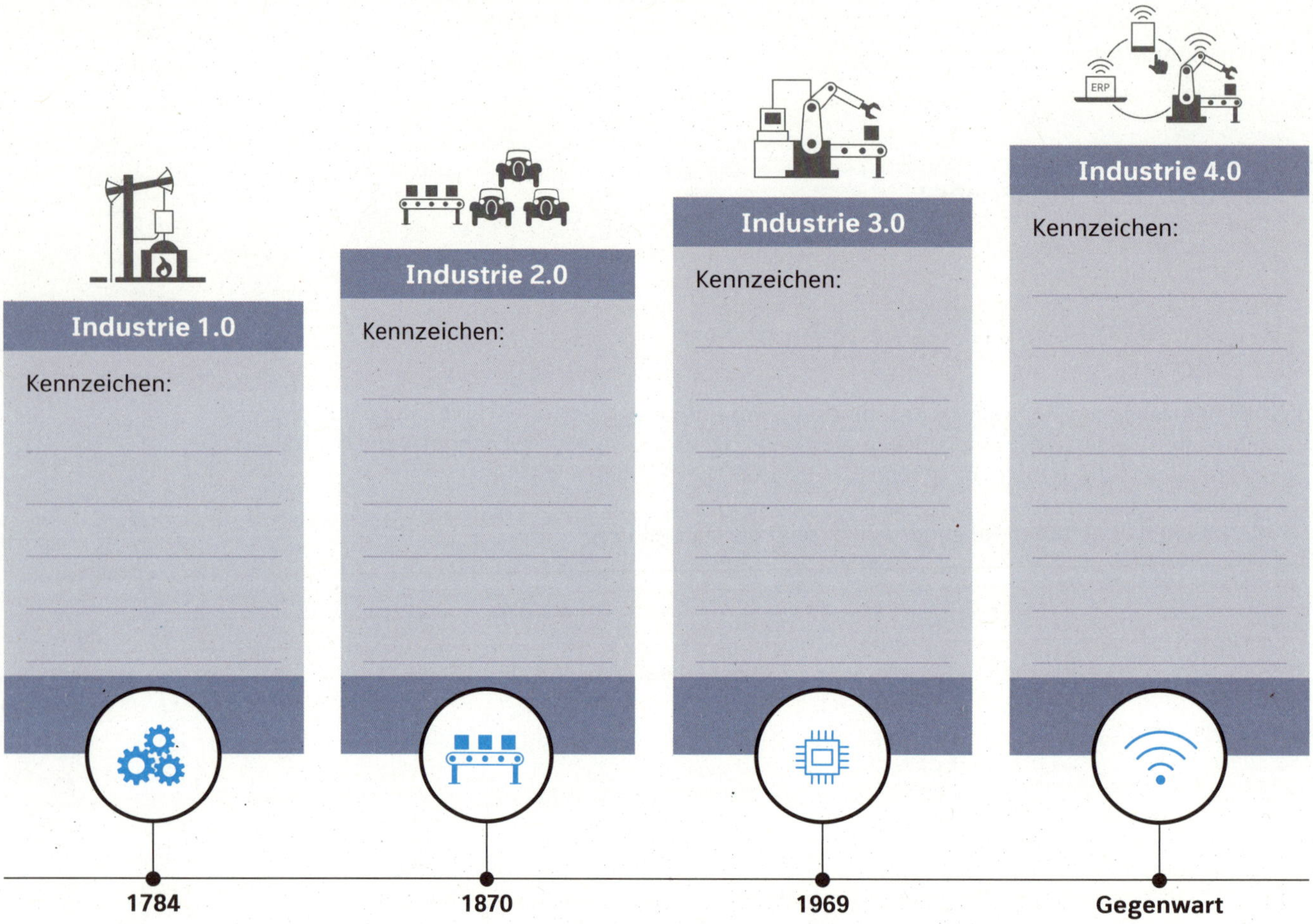

Die Übergänge zwischen den einzelnen technisch/industriellen Epochen sind **fließend**!

B Industrie 4.0

① Was ist die leitende Idee bei Industrie 4.0?
Unterstreichen Sie farbig entscheidende Aussagen in folgendem Text.

Im Produktionsprozess ist alles digital miteinander vernetzt – von der betriebswirtschaftlichen Abwicklung bis zur kompletten Produktion: Kundenauftrag, spezielle Kundenwünsche, Materialbeschaffung, Organisation der technisch/maschinellen Reihenfolge, Organisation des Qualitätsmanagements, Organisation der Arbeitsabläufe, Organisation der zugelieferten Komponenten, Organisation der Auslieferung und Zahlungsmodalitäten (und vieles andere mehr).

Kurz: Der gesamte Herstellungsprozess vom Kundenauftrag bis zur Auslieferung ist digital vernetzt und kontrolliert möglichst ohne menschliches Eingreifen (humanfrei).

② Warum kann der Mensch – obwohl fehlerhaft und teuer – bei Industrie 4.0 nicht ganz ausgeschaltet werden?

Sie erhalten den Auftrag, die Fertigung für das Tellerrad (siehe S. 76) vorzubereiten und das CNC-Programm zu erstellen.

Informieren/orientieren Sie sich, indem Sie ...
- sich in die Fertigungszeichnung einlesen,
- sich mit der Funktion des Kegelradgetriebes vertraut machen,
- sich über den Werkstoff des Tellerrads informieren.

Planen/entscheiden Sie, indem Sie ...
- die Zeichnung ergänzen,
- die gegebenen Aufgaben bearbeiten,
- die Fertigungsverfahren und Spannmittel festlegen,
- einen Arbeitsplan erstellen.

Führen Sie den Auftrag aus, indem Sie ...
- das CNC-Programm erstellen,
- die Daten in die Steuerung eingeben.

Kontrollieren Sie, indem Sie ...
- das CNC-Programm simulieren,
- ein Prüfprotokoll erstellen.

Bewerten und dokumentieren/präsentieren Sie, indem Sie ...
- das Programm optimieren,
- den Arbeitsablauf kritisch überdenken.

Information

Informieren Sie sich über die Funktion des Spiralkegelgetriebes (Gesamtzeichnung siehe S. 20)

Aus welchem Werkstoff wird das Tellerrad gefertigt? Beschreiben Sie die mechanischen Eigenschaften und die Zerspanbarkeit des Werkstoffs.

Werkstoff: ______________________

Eigenschaften: ______________________

____

Zerspanbarkeit: ______________________

Planung

Die folgenden Aufgaben beziehen sich auf die Teilzeichnung S. 76. Sie sollen in der Zeichnung fehlende Daten ergänzen und außerdem bestimmte Werte berechnen.

① Bestimmen Sie die Maße für den Freistich DIN 509 Form F für Werkstücke mit erhöhter Wechselfestigkeit und tragen Sie diese in die Zeichnung ein.

② Bemaßen Sie die Nut für die Passfeder (Breite und Tiefe) und tragen Sie die genormten Toleranzen (leichter Sitz) in die Zeichnung ein.

③ Tragen Sie die Sammelangabe für alle Außenkanten in die Zeichnung ein (Abtragung zwischen 0,3 und 0,5 mm).

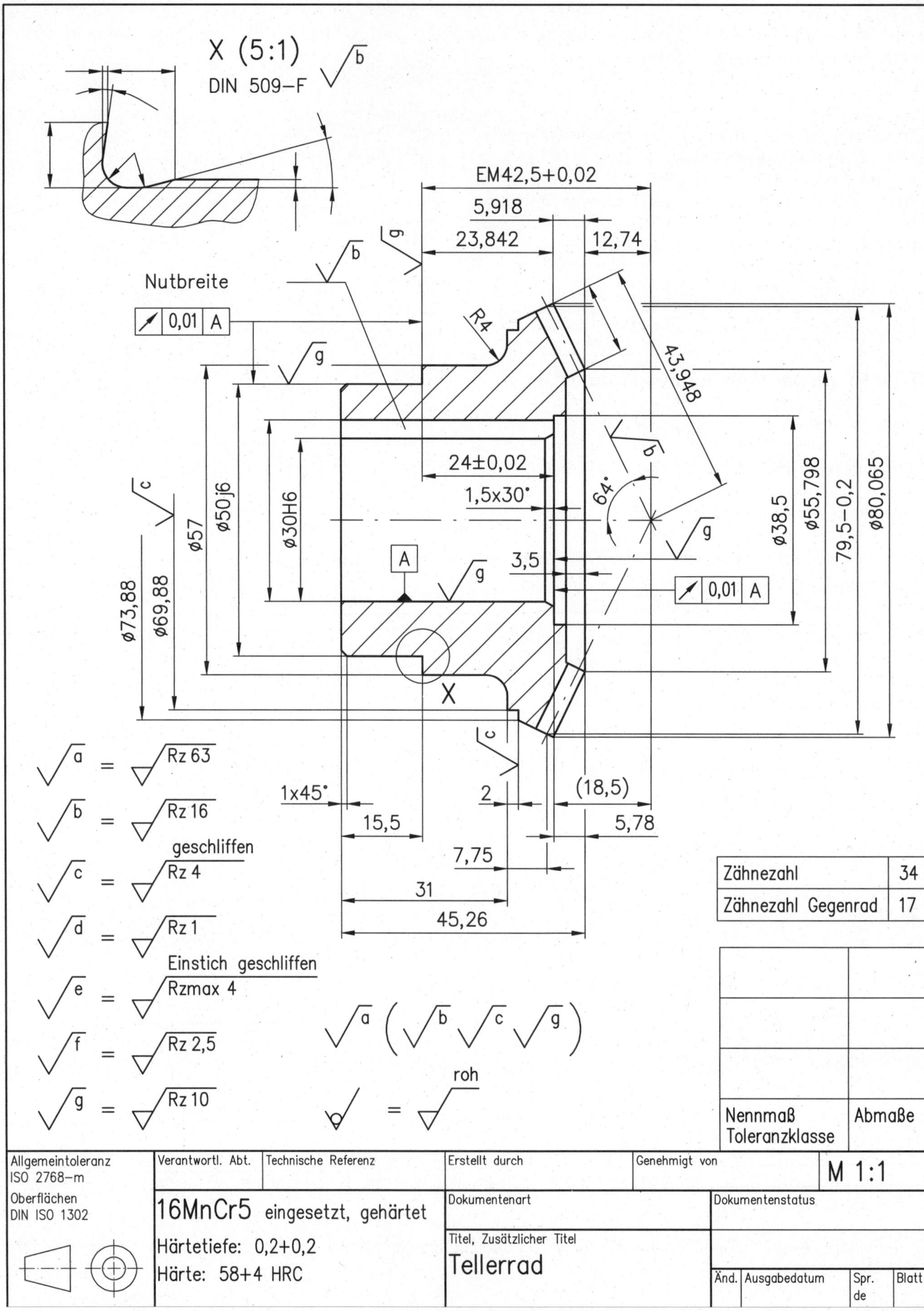

Zähnezahl	34
Zähnezahl Gegenrad	17

Nennmaß Toleranzklasse	Abmaße

Allgemeintoleranz ISO 2768–m	Verantwortl. Abt.	Technische Referenz	Erstellt durch	Genehmigt von	M 1:1
Oberflächen DIN ISO 1302	16MnCr5 eingesetzt, gehärtet Härtetiefe: 0,2+0,2 Härte: 58+4 HRC		Dokumentenart	Dokumentenstatus	
			Titel, Zusätzlicher Titel Tellerrad	Änd. / Ausgabedatum / Spr. de / Blatt	

④ Tragen Sie die Passmaße mit oberem und unterem Abmaß in die Tabelle auf der Zeichnung ein.

⑤ Berechnen Sie die Breite der Zähne und tragen Sie das Maß in der Zeichnung ein.

⑥ Der Außendurchmesser von 80 mm wird im Schruppzyklus abgedreht. Die Schnitttiefe a_p = 2,5 mm, die Schnittgeschwindigkeit v_c = 200 m/min und der Vorschub f = 0,3 mm.
Berechnen Sie die Schnittkraft F_c und die Schnittleistung P_c.

⑦ Mit welcher Oberflächengüte soll der Durchmesser 50j6 hergestellt werden?
Erläutern Sie den Oberflächenkennwert und berechnen Sie den maximalen Vorschub beim Schlichten mit einer Schnitttiefe von 0,5 mm und einem Schneidenradius von 0,4 mm.
Oberflächengüte:

Maximaler Vorschub:

⑧ Berechnen Sie das Programmiermaß für den Durchmesser 50j6.

⑨ Die Kontrollflächen werden nach dem Härten geschliffen. Die verwendete Schleifscheibe trägt die Bezeichnung: Schleifscheibe ISO 603-1 1 N-300 x 40 x 76,2–A/F46 K 6 V – 60. Erläutern Sie diese Bezeichnung.

ISO 603-1: ______

1: ______

N: ______

300x40x76,2: ______

A: ______

F46: ______

K: ______

6: ______

V: ______

60: ______

⑩ Erstellen Sie den Arbeitsplan für die gesamte Herstellung des Tellerrads.

Bezeichnung:	Teile/Zeichnungsnummer:	Stückzahl:
Werkstoff:	Rohmaße:	Fertiggewicht: 0,70 kg

Nr.	Arbeitsgang	Maschine	Spannmittel	KSt.	t_r	t_a
01	Rohteil bereitstellen Schmiedeteil					
02						
03						
04						
05						
06	Entgraten					
07						
08						
09						

⑪ Erstellen Sie den Arbeitsplan für das Drehen des Tellerrads. Verwenden Sie die Werkzeuge und Schnittdaten auf S. 55.

Arbeitsplan Drehen 1. Spannung

Arbeitsplan für:	Zeichnungs-Nr.	Stückzahl:
Fertigungsverfahren:	Maschine:	Datum:
Rohteil:	Werkstoff:	Ersteller:

Nr.	Arbeitsfolge	WZ	Schnittgeschw.	Vorschub	Bemerkung
1					
2					
3					
4					
5					
6					
7					
8					
9					
10					
11					

Arbeitsplan Drehen 2. Spannung

Nr.	Arbeitsfolge	WZ	Schnittgeschw.	Vorschub	Bemerkung
1					
2					
3					
4					
5					
6					
7					
8					
9					

Ausführung

Erstellen Sie das CNC-Programm zur Fertigung des Tellerrads.
Wählen Sie die Drehzahlbegrenzung von 2500 1/min. Das Vordrehen soll mit einem Aufmaß von 0,5 mm am Durchmesser und von 0,1 mm an den Planflächen erfolgen.
Tragen Sie die Arbeitsfolge in die Spalte Kommentar ein. Der Außendurchmesser des Tellerrads beträgt 79,5–0,2 mm, das Maß 80,065 ist die theoretische Außenkante.
Berücksichtigen Sie eine Zugabe von 0,1 mm für das Schleifen der Kontrollflächen.

CNC-Programm Tellerrad 1. Spannung

N	G	X	Z	T	F	E	S			M	Kommentar
N1											
N2											
N3											
N4											
N5											
N6											
N7											
N8											
N9											
N10											
N11											
N12											
N13											
N14											
N15											
N16											
N17											
N18											
N19											
N20											
N21											
N22											
N23											
N24											
N25											
N26											
N27											
N28											
N29											
N30											
N31											
N32											
N33											
N34											
N35											
N36											
N37											
N38											
N39											
N40											
N41											
N42											
N43											
N44											
N45											
N46											
N47											

CNC-Programm Tellerrad 2. Spannung

N	G	X	Z	T	F	E	S			M	Kommentar
N1											
N2											
N3											
N4											
N5											
N6											
N7											
N8											
N9											
N10											
N11											
N12											
N13											
N14											
N15											
N16											
N17											
N18											
N19											
N20											
N21											
N22											
N23											
N24											
N25											
N26											
N27											
N28											
N29											
N30											
N31											
N32											
N33											
N34											
N35											
N36											
N37											
N38											
N39											
N40											
N41											

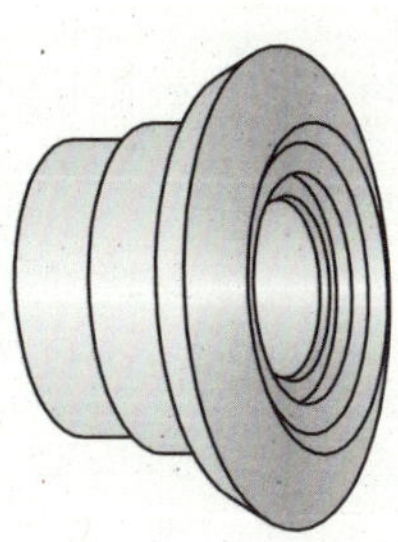

Kontrolle

① Erstellen Sie für die Qualitätskontrolle ein Prüfprotokoll für alle tolerierten Maße.

Prüfmerkmal	Sollmaß		Prüfmittel	Istmaß	Bemerkung
	Höchstmaß	Mindestmaß			

② Der Durchmesser 50j6 des Tellerrads wurde nach der Bearbeitung bei einer Temperatur von 43 °C mit 50,035 mm gemessen. Berechnen Sie das Maß bei Bezugstemperatur. Wie verhalten Sie sich bei der Fertigung der weiteren Werkstücke?

③ Was ändern Sie in Bezug auf Schnittgeschwindigkeit und Schnitttiefe, wenn bei der Schruppbearbeitung Schwingungen auftreten?

Bewertung

① Das Tellerrad wird auf eine Welle mit ⌀ 30j6 montiert. Berechnen Sie Höchstspiel und Höchstübermaß. Welche Passung ergibt sich daraus?

② Bei der Fertigung des Tellerrads bekommen Sie einen Spritzer Kühlschmierstoff ins Auge. Welche Maßnahmen ergreifen Sie?

Die Werkzeugaufnahme ist die Verbindung zwischen der Werkzeugmaschine und dem Werkzeug. Sie muss so gebaut sein, dass sie einerseits selbst in der Maschinenspindel aufgenommen werden kann, andererseits das Werkzeug in ihr eingespannt werden kann.

Welche Forderungen werden an Werkzeugaufnahmen gestellt?

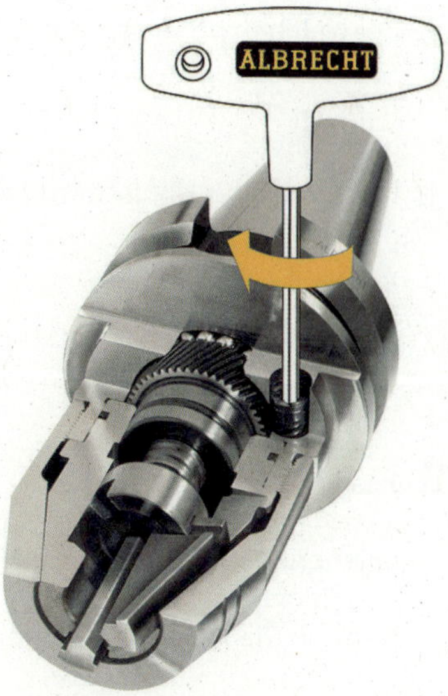

A Kurzbohrfutter

① Benennen Sie bei den abgebildeten Kurzbohrfuttern die jeweilige Aufnahme in der Maschinenspindel nach ihrer Norm. Für welchen Einsatz sind sie geeignet?

Nr.	Benennung	Kurzzeichen-Beispiel	Norm	Einsatz
1				
2				
3				
4-5-6				
7				
8				
9				

② Die Abbildung S. 83 zeigt Kurzbohrfutter mit verschiedenen Aufnahmen. Worin liegt der wesentliche Unterschied zwischen einem selbstspannenden Bohrfutter und einem Kurzbohrfutter?

③ Bei welchen der abgebildeten Aufnahmen wird das Drehmoment ausschließlich durch Kraftschluss übertragen?

④ Warum ist der Hohlschaftkegel (HSK) für sehr hohe Drehzahlen geeignet?

B Flächenspannfutter

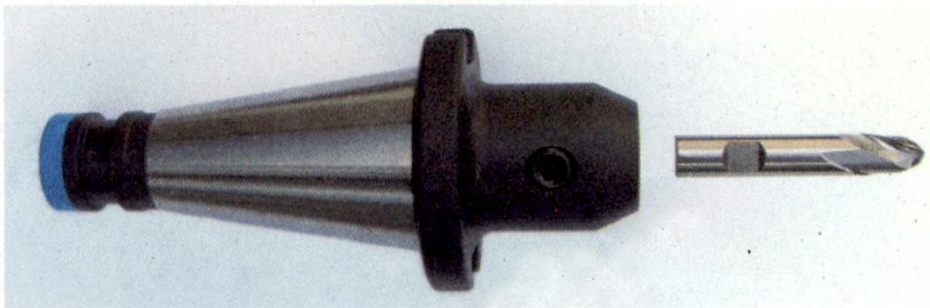

Flächenspannfutter werden für Werkzeuge mit angeschliffener Fläche verwendet.
Nennen Sie Vor- und Nachteile dieser Spannfutter.

Vorteile:

Nachteile:

C Hydro-Dehnspannfutter

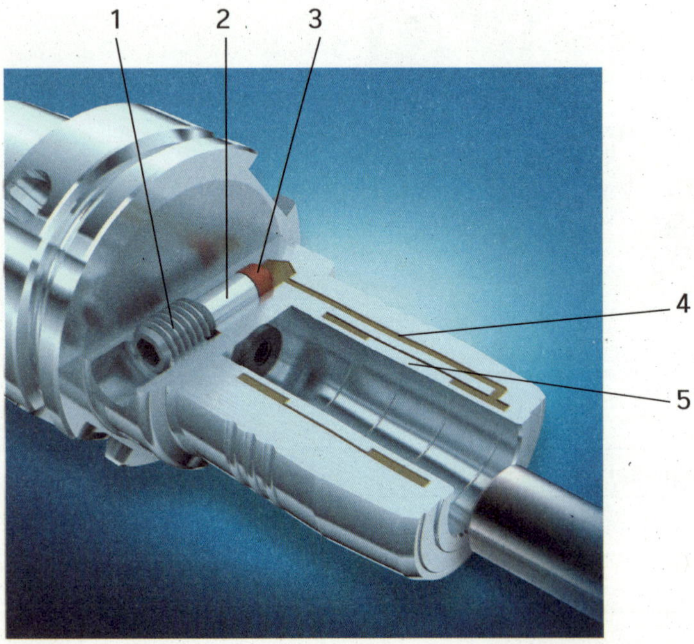

1 Spannschraube
2 Spannkolben
3 Dichtungselement
4 Kammersystem
5 Dehnbüchse

① Das Kammersystem des Dehnspannfutters ist mit Hydraulikflüssigkeit gefüllt.
Erläutern Sie anhand des Bildes die Funktion eines Hydro-Dehnspannfutters.

② Welche Vorteile hat das Hydro-Dehnspannfutter?

Nach demselben Prinzip können mit dem Hydro-Dehnspanndorn Werkzeuge oder Werkstücke von innen nach außen gespannt werden.

D Warmschrumpffutter

Bei der thermischen Werkzeugspannung durch Warmschrumpftechnik wird der kalte Werkzeugschaft in die erwärmte Werkzeugaufnahme gefügt und festgeschrumpft.
Ablauf: Eine Induktionsspule wird über den Werkzeughalter gefahren und erwärmt diesen durch Wirbelströme. Nach dem Einsetzen des Werkzeugs wird die Induktionsspule wieder nach oben gefahren. Die Abkühlung wird durch Wasserkühlung beschleunigt.

Erläutern Sie in drei Schritten die Funktion eines Warmschrumpffutters:

1

2

3

E Kraftschrumpffutter

Kraftschrumpffutter sind für hohe Drehzahlen (bis 80000 1/min) geeignet. Sie haben gute Rundlaufgenauigkeiten (< 0,003 mm) und sind bereits ab 0,3 mm Durchmesser im Einsatz.
Funktionsweise eines Kraftschrumpffutters (Polygonspanntechnik):

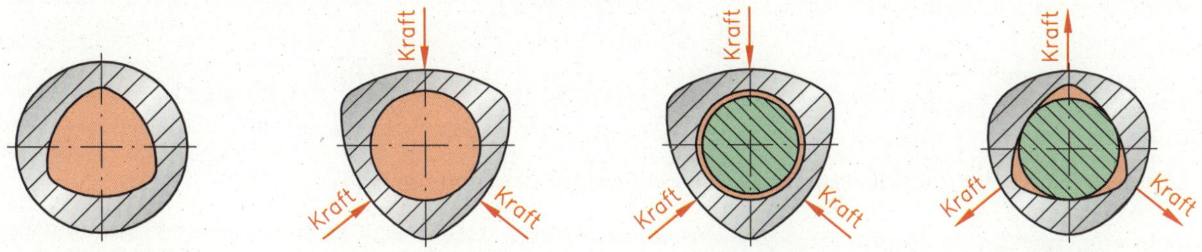

Werkzeughalter — Spanndurchmesser wird rund — Werkzeug einfügen — Werkzeug gespannt

Erläutern Sie anhand der Bilder die Funktion eines Kraftschrumpffutters:

Die abgebildete Führungsplatte aus dem Werkstoff EN AW-AlCu4Mg1 soll in größerer Stückzahl auf einer CNC-Fräsmaschine gefertigt werden.

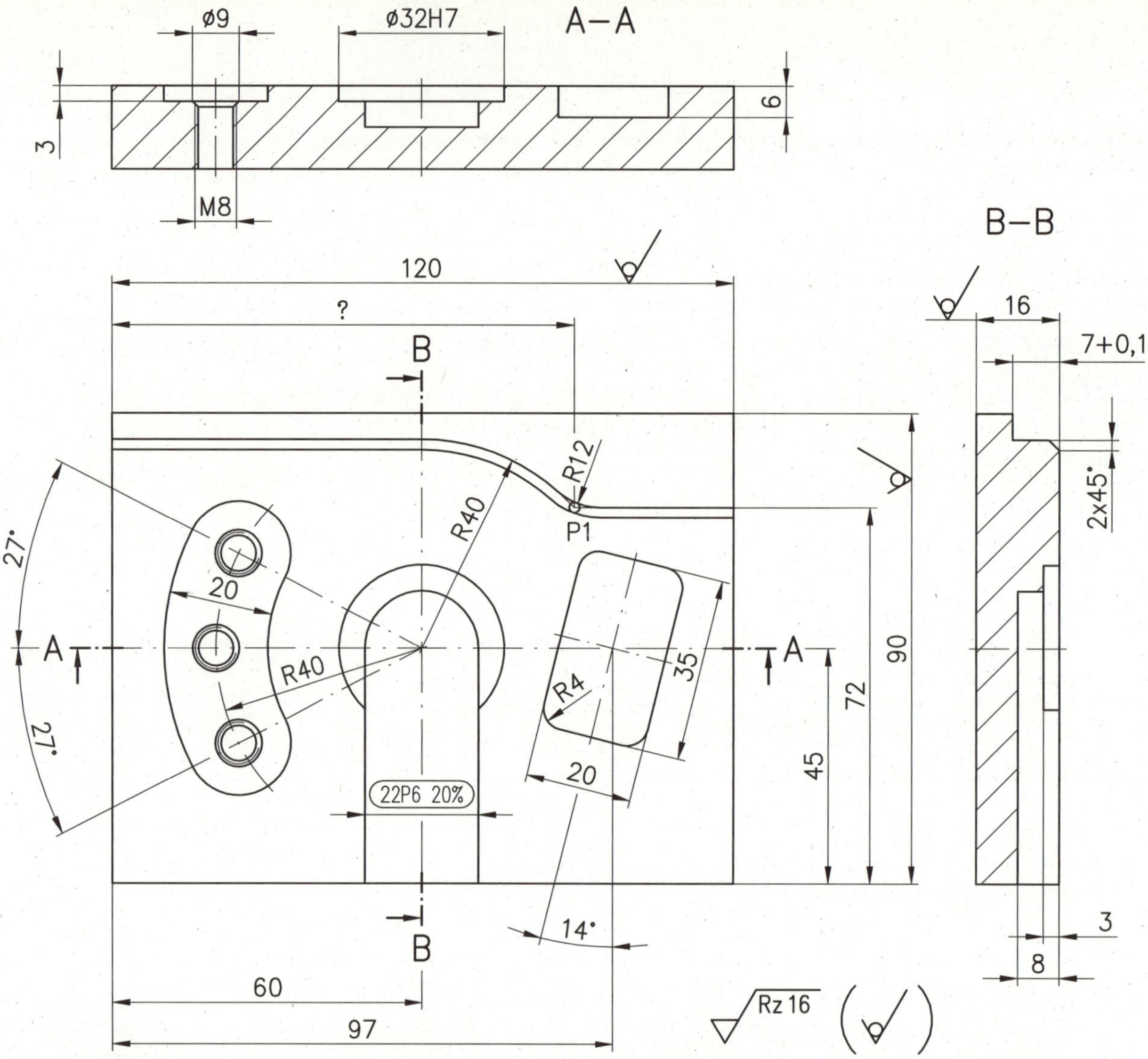

① Erläutern Sie die Werkstoffbezeichnung EN AW-AlCu4Mg1 der Führungsplatte.

② Zeichnen Sie den Werkstücknullpunkt in die Zeichnung ein.

③ Berechnen Sie die *X*-Koordinate für den Punkt P1.

④ Die Führungsplatte soll mit Anschlägen auf dem Frästisch fixiert und mit Spannpratzen aufgespannt werden. Bestimmen Sie, wie viele Anschläge zur eindeutigen Fixierung notwendig sind und wo sie montiert werden sollten. Zeichnen Sie die Lage der Anschläge in die Skizze ein.

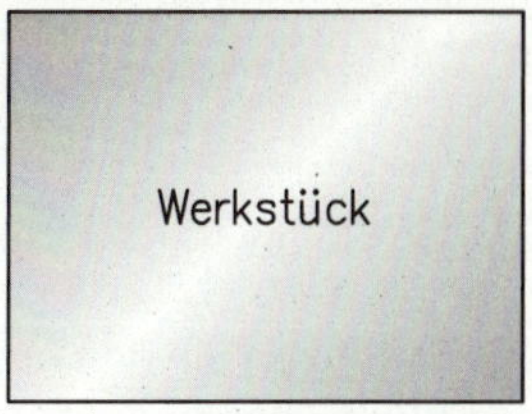

Eindeutige Fixierung des Werkstücks:

Z-Achse: ______________________

Y-Achse: ______________________

X-Achse: ______________________

⑤ Berechnen Sie die jeweilige Spannkraft F_W auf das Werkstück, wenn die Spannschraube mit einer Spannkraft von 30 kN angezogen wird. Welche Folgerung ergibt sich daraus?

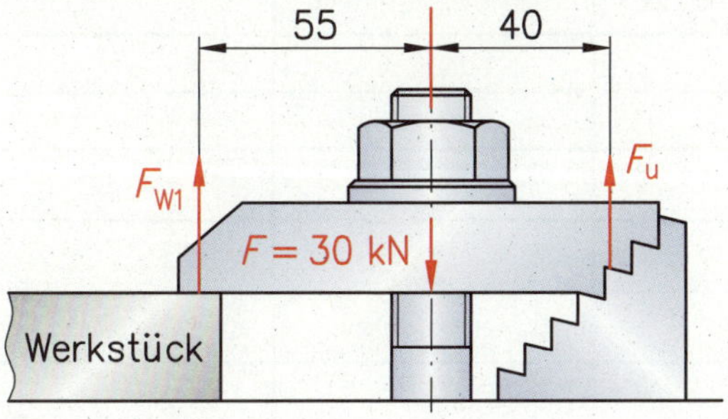

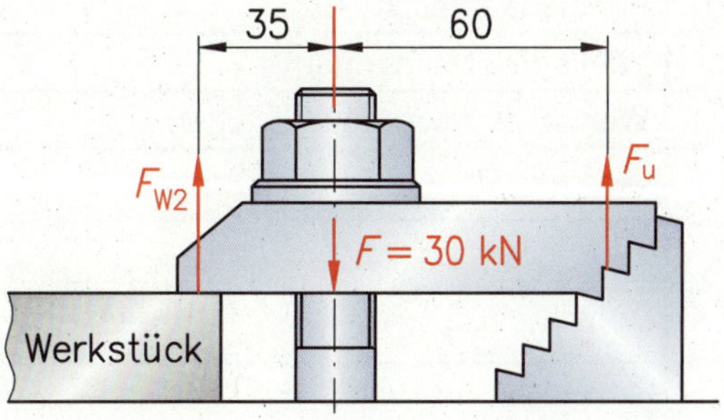

Folgerung:

____

⑥ Berechnen Sie die Zugspannung σ_z für die Schraube M16 8.8.

⑦ Bei der Programmierung ist immer von der Toleranzmitte auszugehen. Ermitteln Sie für alle tolerierten Maße die Toleranzmitte.

Prüfmerkmal	Nennmaß	Höchstmaß	Mindestmaß	Programmiermaß	Prüfmittel
7+0,1					
32H7					
22P6					

⑧ Was bedeutet in der Zeichnung der Führungsplatte (siehe S. 86) folgende Angabe: 22P6 20 %?

____

____

⑨ Zum Prüfen des Passmaßes 22P6 verwenden Sie Endmaße aus einem Standardsatz. Aus welchen Endmaßen setzt sich das Programmiermaß von 22P6 zusammen?

⑩ Ergänzen Sie den Arbeitsplan für das Fräsen der Führungsplatte. Verwenden Sie die Werkzeuge und Schnittdaten von S. 60. Die höchste Drehzahl der Maschine liegt bei 5000 1/min.

Arbeitsplan Führungsplatte

Nr.	Arbeitsfolge	Werkzeug	Drehzahl	Vorschub
1	Rohmaße prüfen			
2	Werkstück einspannen			
3	Werkstück-Nullpunkt festlegen			
4				
5				
6				
7				
8				
9				
10				
11				
12				
13				
14				
15				
16				
17				
18				

⑪ Berechnen Sie die Hauptnutzungszeit für das Fräsen der Nut 22P6 beim Schlichten (Maße von Werkzeug T4 vgl. S. 60). Der Start- und Endpunkt liegt bei der Koordinate Y-12. Der Fräsvorschub ist am Außendurchmesser konstant.

⑫ Erstellen Sie das CNC-Programm für die Fertigung der Formplatte nach DIN-PAL auf einer Senkrechtfräsmaschine. Bei allen Arbeitsschritten mit Maßtoleranzen erfolgt das Schruppen mit einem Aufmaß von 0,5 mm am Radius und 0,1 mm an der Länge des Werkzeugs. Das Werkstück ist im Gleichlauf zu fräsen. Der Werkzeugwechselpunkt muss nicht programmiert werden, er wird mit Programmierlogik angefahren.

CNC-Programm Führungsplatte

N	G	X	Y	Z					T	F	S	M
N1	G54											
N2												
N3	G0	X-15	Y95	Z2								
N4												
N5												
N6												
N7												
N8												
N9												
N10												
N11												
N12												
N13												
N14												
N15												
N16												
N17												
N18												
N19												
N20												
N21												
N22												
N23												
N24												
N25												
N26												
N27												
N28												
N29												
N30												
N31												
N32												
N33												
N34												
N35												
N36												
N37												
N38												
N39												
N40												
N41												
N42												
N43												
N44												
N45												

Mehrachsenbearbeitung

Problemstellung:

Das abgebildete Schaufelrad soll aus Vollmaterial gefräst werden. Die Fertigung mit Drei-Achs-Fräsmaschinen ist nur mit Umspannen möglich.
Dabei treten Probleme mit der Einhaltung der geometrischen Tolerierung auf.
Welche Möglichkeit gibt es, die bearbeiteten Ebenen genauer zueinander zu fertigen?

① Was versteht man unter Mehrachsenbearbeitung?

② Da bei der Mehrachsenbearbeitung das Werkzeug vom Werkstück weggeschwenkt werden kann, können kürzere Werkzeuge verwendet werden. Dadurch erhöht sich die Steifigkeit der Werkzeuge.
Welche einzelnen Vorteile bietet die Mehrachsenbearbeitung?

A CNC-Fräsmaschine für die Mehrachsenbearbeitung

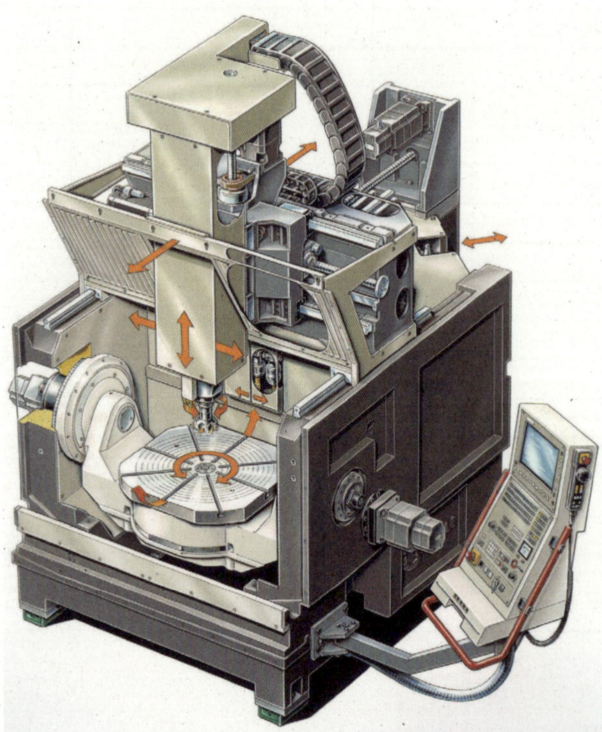

① Benennen Sie die Achsen, die beim abgebildeten Bearbeitungszentrum programmiert werden. Wer führt die Bewegungen aus?

Linearachsen:

Rotationsachse um X:

Rotationsachse um Z:

② Welche Bearbeitungen können damit ausgeführt werden?

B CNC-Drehmaschine für die Mehrachsenbearbeitung

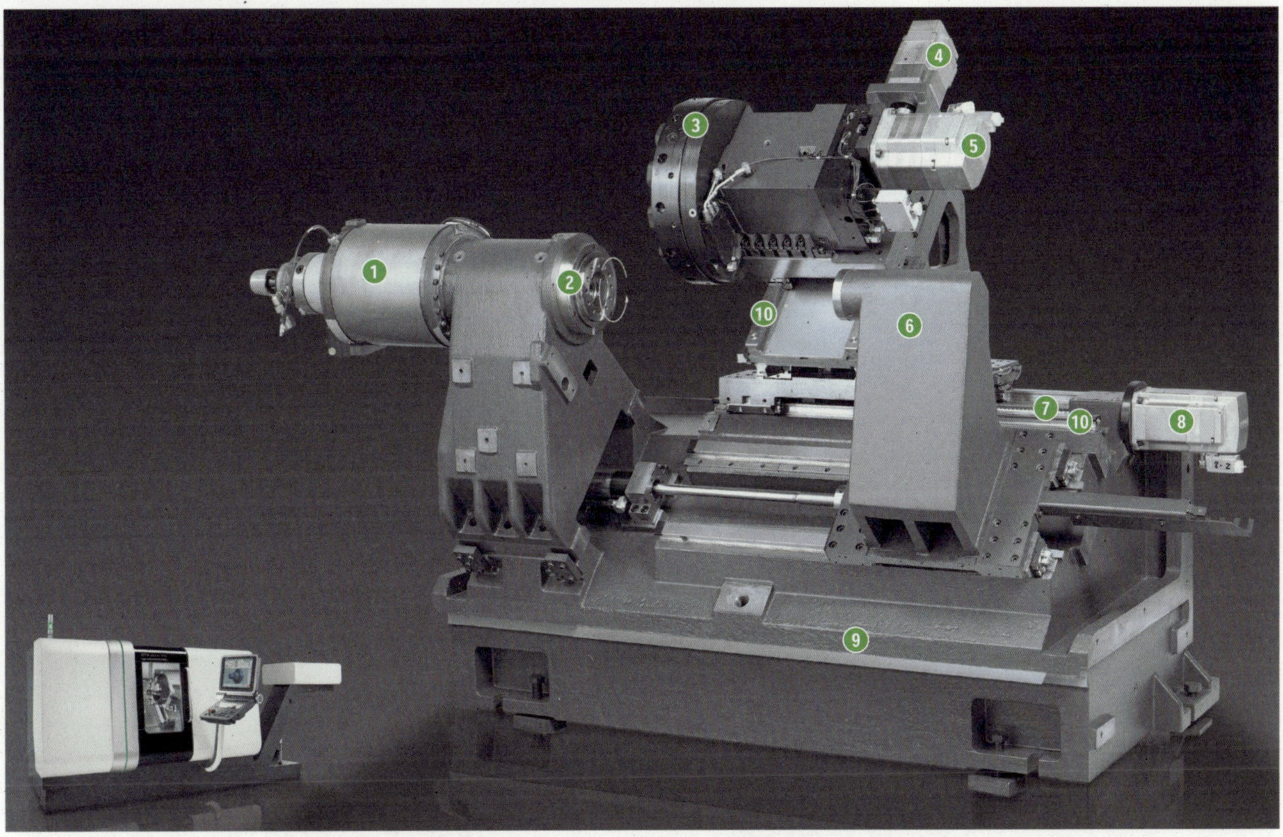

Das Bild zeigt den Aufbau einer CNC-Drehmaschine für die Mehrachsenbearbeitung ohne Verkleidung.

① Benennen Sie die Achsen der abgebildeten CNC-Drehmaschine.

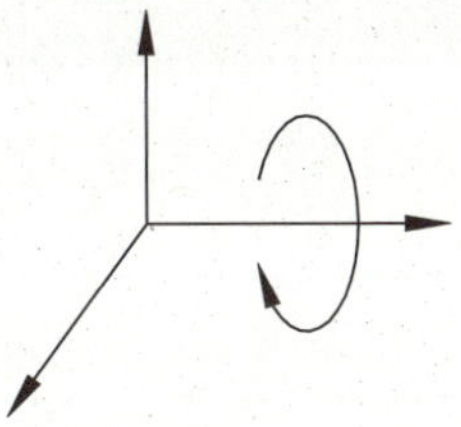

② Übersetzen und benennen Sie die Bauteile der abgebildeten CNC-Drehmaschine.

Nr.	Deutsch	Englisch
1		Integrated spindle motor
2		Main spindle
3		Tool turret
4		Motor for *X*-axis
5		Motor for driven tools
6		Tail stock
7		Ballscrew *Z*-axis
8		Motor for *Z*-axis
9		Machine bed
10		Linear guides

③ Die Abbildung zeigt den Arbeitsraum eines CNC-Drehautomaten.
Die Maschine hat drei Werkzeugrevolver mit je zwölf angetriebenen Werkzeugen. Bis zu drei Werkzeuge können gleichzeitig im Einsatz sein. Die Maschine ist als Stangen- oder Futterautomat einsetzbar und besitzt ein Handhabungssystem mit Transportband für Fertigteile. Eine Werkzeugverschleißkontrolle und ein Schwesternwerkzeugsystem erhöhen die Produktivität.
Benennen Sie die skizzierten Achsen der Spindeln und Werkzeugrevolver.

Wie werden die nummerierten Bauteile genannt?

1	
2	
3	
4	

④ Erläutern Sie den Begriff „Schwesternwerkzeugsystem".

⑤ Geben Sie konstruktive Möglichkeiten bei CNC-Maschinen an, die dazu geeignet sind, gesundheitliche Schäden des Bedieners bei der Serienfertigung zu vermeiden.

Überwachen der Produkt- und Prozessqualität

Problemstellung:

Sie möchten sich ein neues Auto kaufen und haben eine große Auswahl. Nach welchen Kriterien würden Sie Ihr neues Fahrzeug auswählen?

Nennen Sie davon drei Kriterien, die für Sie persönlich am wichtigsten sind.

A Arbeitsbereiche des Qualitätsmanagements

Die Qualitätsanforderungen an industrielle Produkte sind in den letzten Jahren und Jahrzehnten ständig gestiegen. So werden beispielsweise immer höhere Genauigkeiten gefordert. Um diese zu erreichen, ist ein in sich geschlossenes QM-System (Qualitäts-Management-System) erforderlich.
Wie in einem Regelkreis muss der Herstellungsprozess ständig überprüft und rechtzeitig korrigiert werden. Eine Endkontrolle ist zwar erforderlich, reicht aber nicht aus.

① An welchen Stellen im Unternehmen finden Qualitätsprüfungen statt und welche Aufgabe sollen sie jeweils speziell erfüllen?

② Nennen Sie Argumente, die in einem Unternehmen dafür sprechen, ein QM-System einzuführen.

B Qualitätsnormen

Die QM-Normung konzentriert sich auf vier Kernnormen. Geben Sie die Inhalte dieser Normen stichpunktartig an.

DIN EN ISO 9000

DIN EN ISO 9001

DIN EN ISO 9004

DIN EN ISO 19011

C Qualitätsgrundsätze

Nennen Sie mithilfe von Internet oder Tabellenbuch die acht Grundsätze des Qualitätsmanagements.

QM-Grundsätze

Qualität entsteht nur, wenn das Fachwissen und die Fähigkeit vorhanden sind, alle Einflüsse, die den Produktionsprozess beeinträchtigen oder hemmen, zu erkennen und zu beseitigen. Außerdem sind Bereitschaft und Aufwand erforderlich, um die Qualität ständig zu kontrollieren und zu verbessern.

Das abgebildete Tellerrad ist im Kegelgetriebe S. 20 Pos. 15 montiert. Seine Fertigung ist in der Lernsituation S. 75 bis 82 beschrieben.
Nach der spanenden Bearbeitung wird das Tellerrad in einer automatischen Durchlauf-Härteanlage aufgekohlt, gehärtet und angelassen.
Für die Qualitätssicherung ist es erforderlich, die Fertigungsstraße auf ihre Maschinenfähigkeit zu untersuchen bzw. einzustellen.

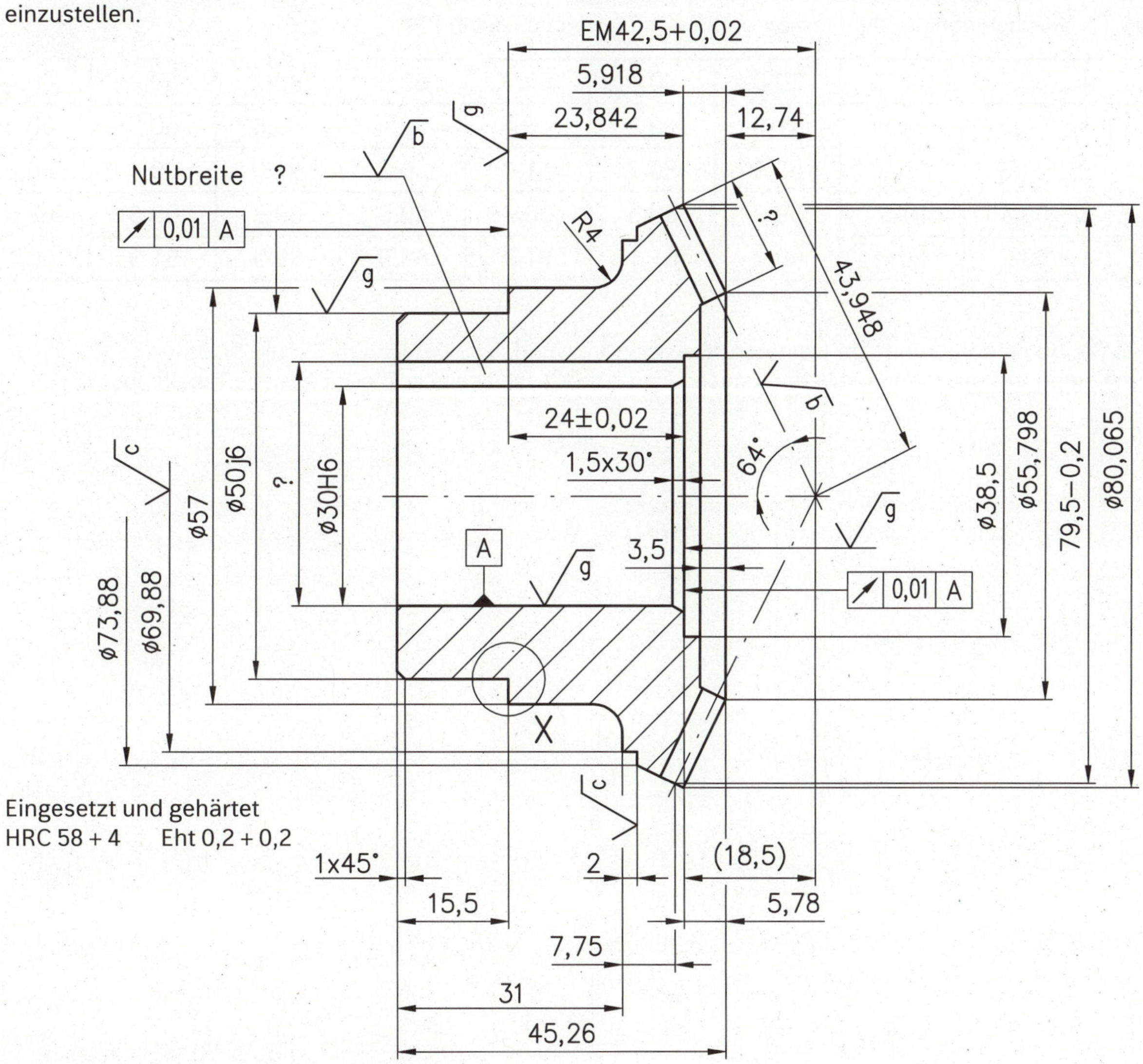

A Aufgaben zum Projekt Tellerrad

① Bestimmen Sie den Werkstoff des Tellerrads, erläutern Sie das Kurzzeichen und begründen Sie, warum dieser Werkstoff für die Herstellung des Tellerrads geeignet ist.

② Erläutern Sie die Angabe auf der Zeichnung: „Eingesetzt und gehärtet“.

B Durchführung der Maschinenfähigkeitsuntersuchung

Die Prüfung der Maschinenfähigkeit ist eine Kurzzeituntersuchung. In unserem Beispiel wurden die ersten 50 Werkstücke des Projekts Tellerrad einer Härteprüfung unterzogen und die Messwerte in eine Urliste eingetragen.

Urliste Messergebnisse der Maschinenfähigkeitsuntersuchung in HRC

60,5	60,7	60,2	60,6	60,8	60,7	60,5	60,7	60,3	60,4
60,8	60,5	60,5	61,0	60,2	60,4	59,6	60,6	60,8	60,3
60,1	61,3	60,7	60,5	60,7	61,0	60,2	61,0	60,4	60,6
60,7	60,4	61,7	59,9	60,5	60,2	60,6	60,3	60,6	60,9
61,0	60,0	60,8	60,7	61,1	61,2	61,3	59,9	61,3	60,5

① Ermitteln Sie den größten und den kleinsten Messwert x_{max} und x_{min}. Berechnen Sie die Spannweite R und für die Erstellung einer Strichliste die Anzahl der Klassen k und die Klassenweite w. (Formeln siehe Tabellenbuch)

② Tragen Sie die Klassengrenzen in die Tabelle ein, erstellen Sie eine Strichliste und ermitteln Sie die absolute Häufigkeit n_j. Berechnen Sie die relative Häufigkeit h_j und die Summenhäufigkeit F_j.

Klassen-Nr.	Klassengrenzen ≥ <	Strichliste	Absolute Häufigkeit n_j	Relative Häufigkeit h_j in %	Summen-Häufigkeit F_j in %
1					
2					
3					
4					
5					
6					
7					
		Summe			

C Wahrscheinlichkeitsnetz

① Ermitteln Sie die Schnittpunkte im Wahrscheinlichkeitsnetz aus dem unteren Wert der Klassengrenzen und der Summenhäufigkeit F_j in Prozent aus der Aufgabe B ②.

② Zeichnen Sie die Linie für die Summenhäufigkeit durch die konstruierten Schnittpunkte.

Wahrscheinlichkeitsnetz (Härte: HRC 58 + 4)

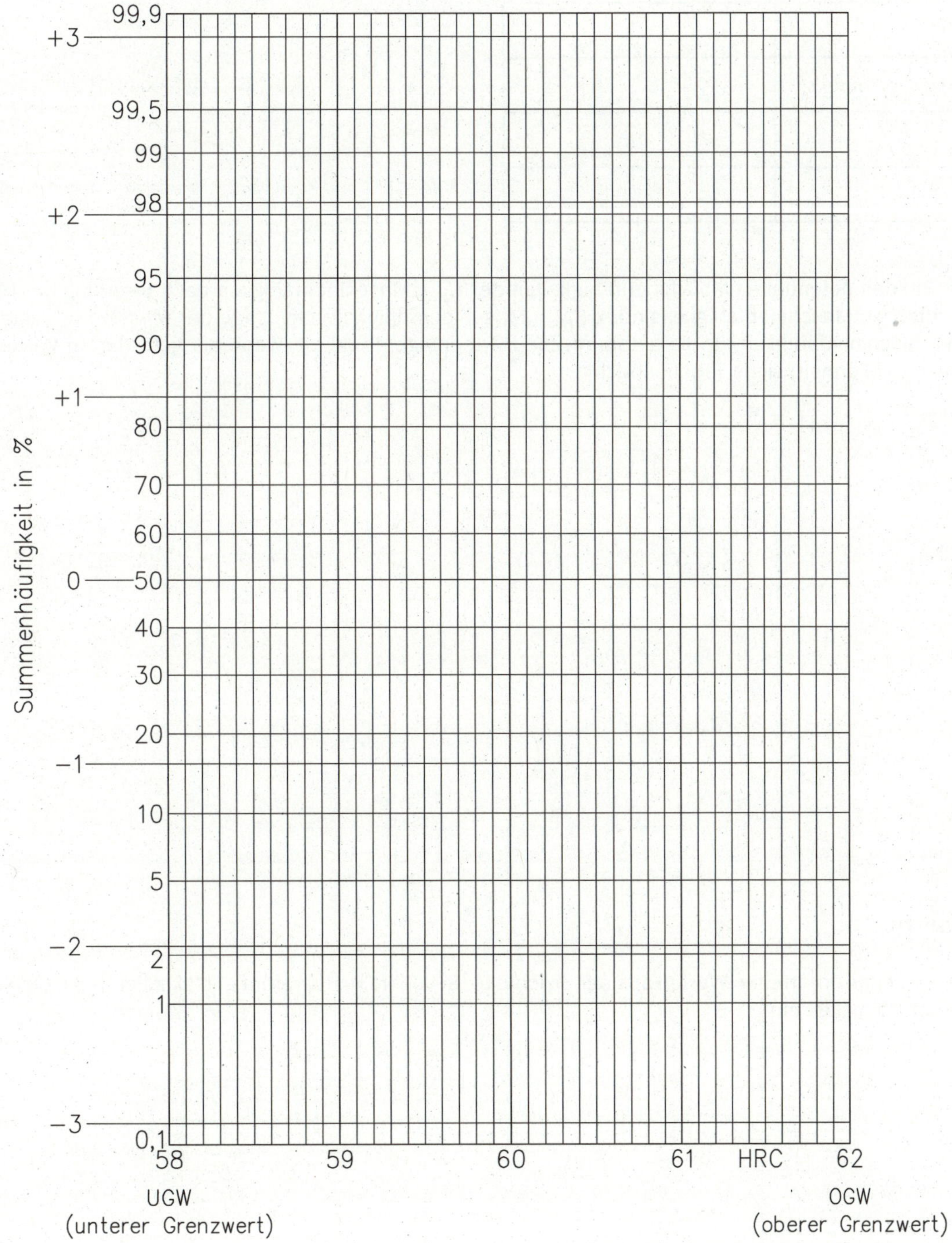

③ Was sagt die konstruierte Linie für die Summenhäufigkeit in einem Wahrscheinlichkeitsnetz aus?

⑤ Ermitteln Sie aus dem Wahrscheinlichkeitsnetz
- den ungefähren Wert für den arithmetischen Mittelwert $\bar{x}$ (≙ HRC-Wert in der Mitte der Summenhäufigkeits-Linie ≙ Durchschnittswert aller Messergebnisse),
- die ungefähre Standardabweichung s (z. B. zwischen 0 und +1)
- den Wert für $6 \cdot s$ (zwischen −3 und +3)
- den kleineren Abstand Δ_{krit} vom Mittelwert $\bar{x}$ zu einer Toleranzgrenze

  Mit aufwendigen Rechnungen können Sie den Mittelwert $\bar{x}$ und die Standardabweichung s auch genau ausrechnen. (Formeln siehe Tabellenbuch)

Aus dem Wahrscheinlichkeitsnetz ermittelt:

Mittelwert $\bar{x}$	
Standardabweichung s	
$6 \cdot s$	
Δ_{krit}	

⑤ Berechnen Sie den potentiellen Maschinenfähigkeitsindex C_m („Maschinenfähigkeit nach Streuung der Messwerte“) und den kritischen Maschinenfähigkeitsindex C_{mk} („Maschinenfähigkeit nach Lage der Messwerte“) und beurteilen Sie, ob die Maschinenfähigkeit für die automatische Härteanlage erfüllt ist, wenn die geforderten Werte mit > 1,67 angegeben sind. (Formeln siehe Tabellenbuch)

D Histogramm

① Erstellen Sie mit den ermittelten Werten aus der Strichliste (S. 96) ein Histogramm und skizzieren Sie die Kurve für die Verteilung der Häufigkeit ein.

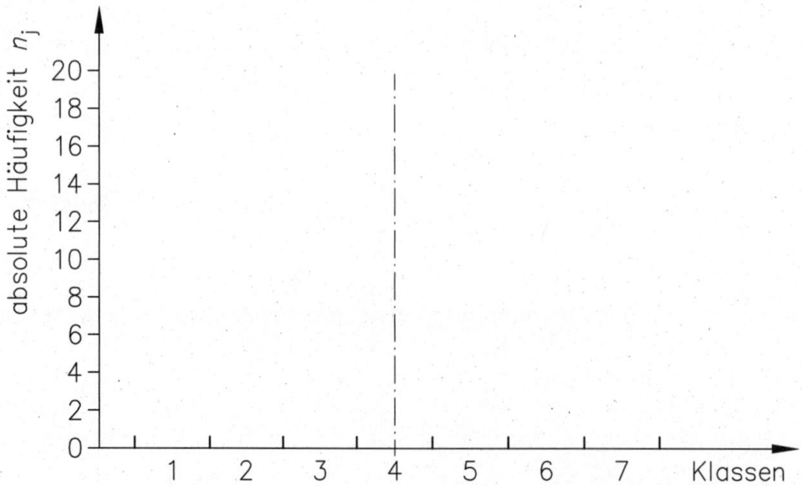

② In der abgebildeten Kurve ist eine optimale Normalverteilung der Messwerte für die Härteprüfung des Tellerrads mit dem Nennwert HRC 58 + 4 dargestellt.
Übertragen Sie Ihre skizzierte Kurve der Häufigkeitsverteilung aus dem Histogramm in das Bild mit der Normalverteilung. Beachten Sie dabei die Lage des Mittelwerts und zeichnen Sie den Wert Δ_{krit} ein.

Δ_{krit} = kleinerer Abstand vom Mittelwert $\bar{x}$ zu einer Toleranzgrenze
$\Delta_{krit} = OGW - \bar{x}$ (wenn $\bar{x}$ näher am OGW liegt)
$\Delta_{krit} = \bar{x} - UGW$ (wenn $\bar{x}$ näher am UGW liegt)

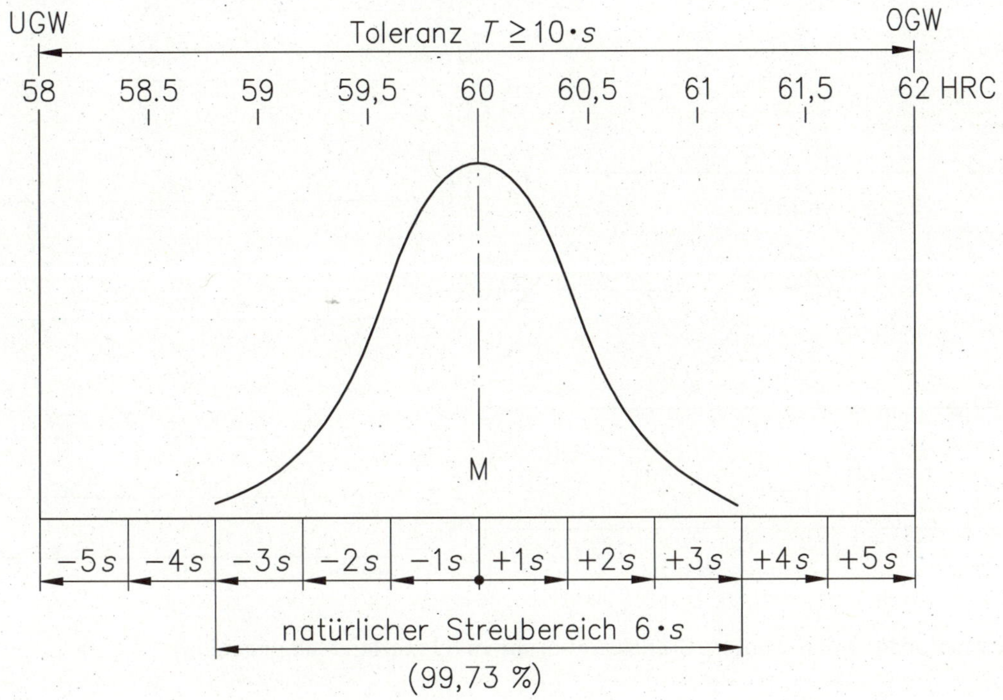

E Bewertung der Maschinenfähigkeit

① Beurteilen Sie abschließend das Härten des Tellerrads in der automatischen Härteanlage.

② Überlegen Sie Möglichkeiten, wie die Forderung nach mehr Zentrierung der Messwerte beim Härten des Tellerrads in der automatischen Härteanlage erfüllt werden kann?

A Qualitätsregelkarten

Qualitätsregelkarten wurden für die Kontrolle in der industriellen Fertigung entwickelt. Dabei geht es darum, Werkstücke einer Stichprobe zu unterziehen. Die Daten werden in eine Qualitätsregelkarte eingetragen und ausgewertet. Dabei kann man erkennen, ob der Produktionsprozess noch stabil ist. Sollte er nicht stabil sein, müssen sofortige Korrekturmaßnahmen ergriffen werden, um Ausschussteile zu vermeiden und die Produktivität zu steigern.

① Übersetzen Sie die Abkürzungen in einer Qualitätsregelkarte.

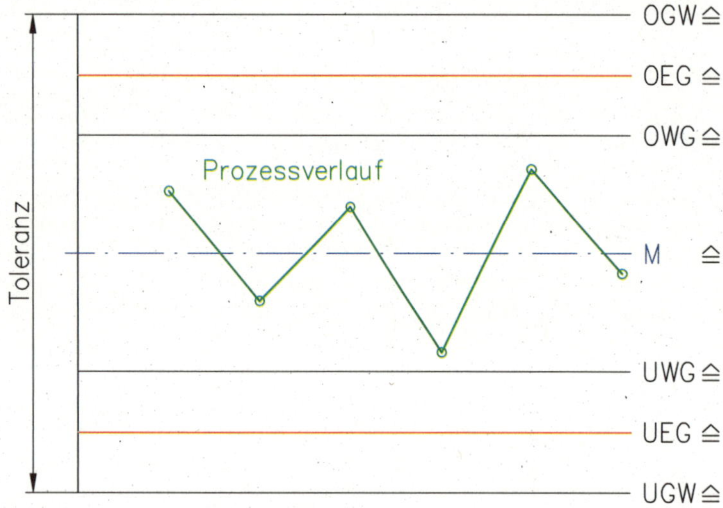

② Wodurch sind der obere und der untere Grenzwert bei einem tolerierten Maß gegeben?

Die obere und die untere Eingriffsgrenze liegen bei einer statistischen Sicherheit von 99,73 %, was einer Abweichung von ± 3 s entspricht. Sie kann mit folgenden Formeln berechnet werden:

Bei der Mittelwertkarte (s. S. 104):

$OEG = \overline{\overline{x}} + A_2 \cdot \overline{R}$

$UEG = \overline{\overline{x}} - A_2 \cdot \overline{R}$

Bei der Spannweitenkarte (R-Karte; s. S. 104):

$OEG = D_4 \cdot \overline{R}$

$UEG = D_3 \cdot \overline{R}$

Tabellenwerte

Anzahl der Messwerte pro Stichprobe	A_2	D_3	D_4	d_2
3	1,023	0	2,574	1,693
5	0,577	0	2,114	2,326
7	0,419	0,076	1,924	2,704

Die obere und die untere Warngrenze kann ebenfalls berechnet werden. Sie grenzt den Streubereich von 95,45 % ab (entspricht ± 2 s). Häufig wird auf die Warngrenzen ganz verzichtet.

B Prozessverläufe

Die abgebildete Übersicht zeigt charakteristische Prozessverläufe auf Qualitätsregelkarten, wie sie in der Praxis häufiger vorkommen.

Bewerten Sie die Prozessverläufe und überlegen Sie mögliche Ursachen und Maßnahmen, wie in den Prozess eingegriffen werden soll.

	Bezeichnung	**Maßnahmen und Ursachen**
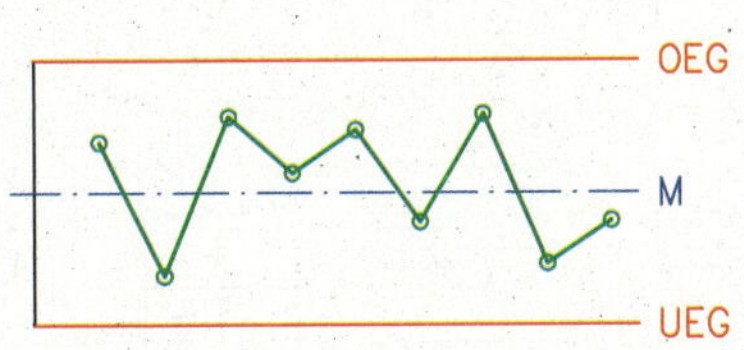	**Natürlicher Verlauf**	
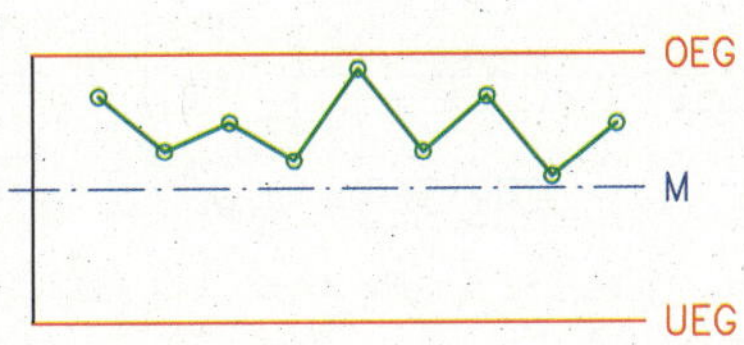	**Run**	
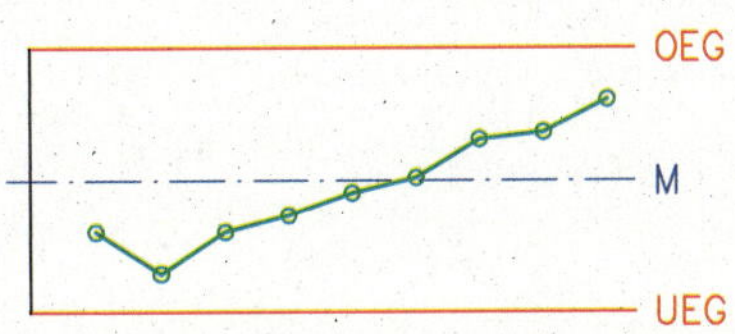	**Trend**	
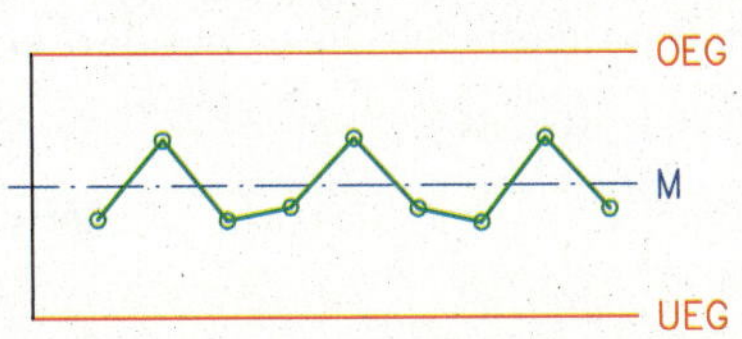	**Middle Third**	
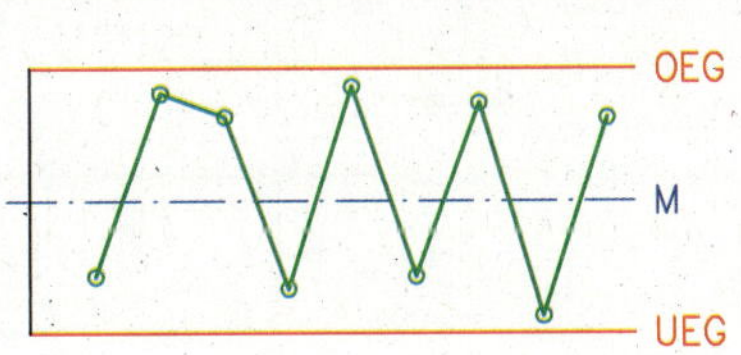	**Middle Third**	
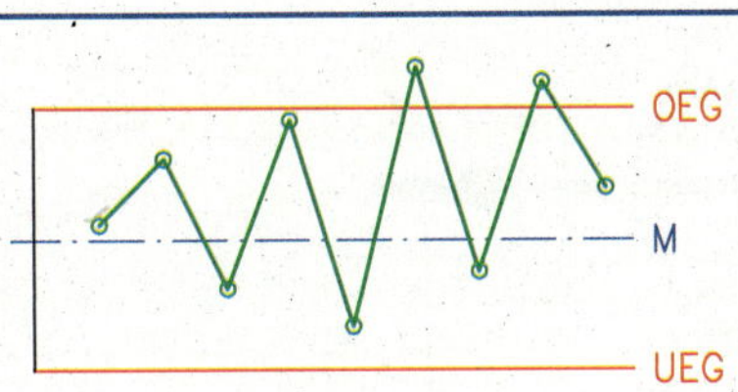	**Ausreißer**	
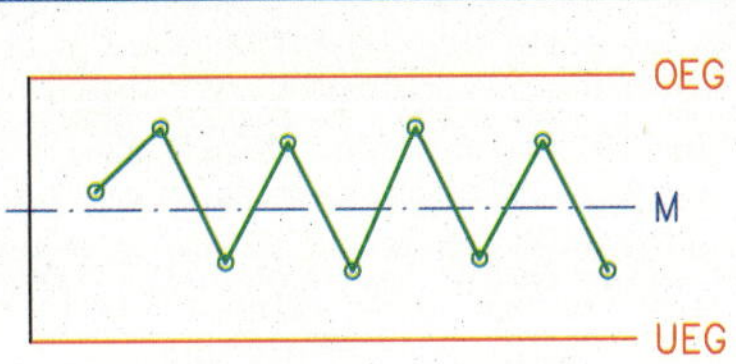	**Periode**	

C Untersuchen der Prozessfähigkeit: Projekt Ritzel

Das abgebildete Ritzel ist im Kegelgetriebe S. 20 Pos. 16 montiert. Es wird in der CNC-Fertigung in Serie gefertigt. Mit Stichproben soll die Fertigung während der Produktion geprüft werden. Spezieller Prüfgegenstand ist der Durchmesser 22j6. Für eine Beurteilung des Prozessverhaltens sind mindestens 25 Stichproben bei fünf Messwerten erforderlich. Aus zeitlichen Gründen beschränken wir unsere Aufgabe auf zehn Stichproben mit jeweils fünf Messwerten. (Siehe Aufgaben auf S. 103 E, F)

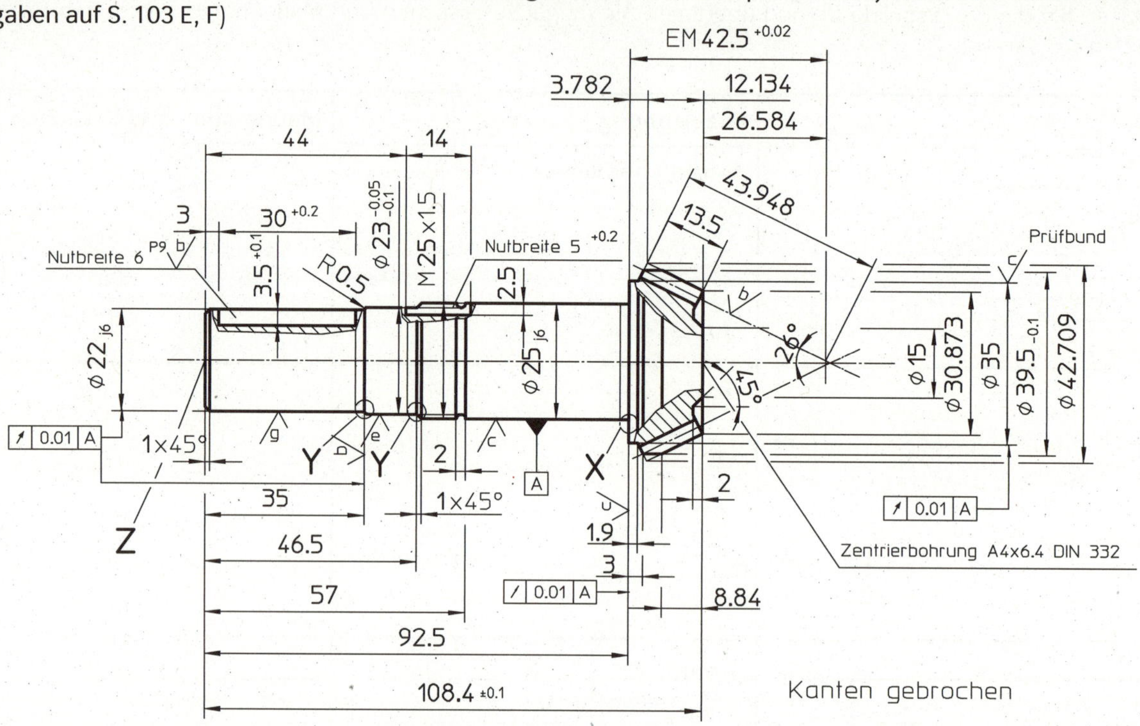

D Ursache-Wirkungs-Diagramm (Ishikawa-Diagramm)

Ergänzen Sie das Ursache-Wirkungs-Diagramm für das Drehen des abgebildeten Ritzels. Tragen Sie die sechs Haupteinflussgrößen in das Diagramm ein: Mensch, Maschine, Milieu, Material, Methode und Messung. Überlegen Sie dann, welche möglichen Fehler beim Drehen des Werkstücks auftreten können und notieren Sie diese bei den entsprechenden Haupteinflussgrößen.

Ursache **Wirkung**

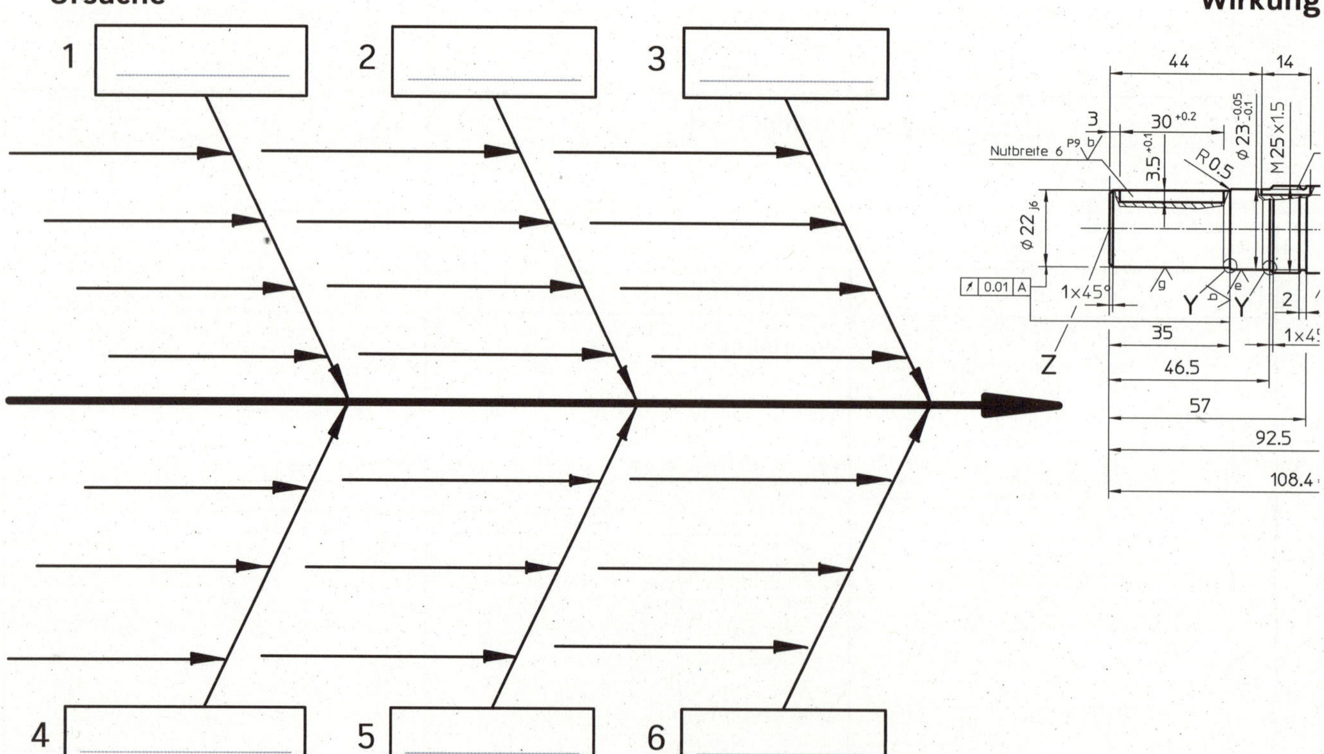

E Aufgaben zum Projekt Ritzel

① Bestimmen Sie Höchst- und Mindestmaß von ⌀ 22j6 und berechnen Sie die Toleranz des Passmaßes.

	22j6
Höchstmaß	
Mindestmaß	
Toleranz	

② Geben Sie geeignete Prüfmittel zum Prüfen der angegebenen Maße und des Rundlaufs des Ritzels S. 102 an.

Durchmesser 22j6	
Nutlänge 30+0,2	
Rundlauf 0,01	

③ Beim Prüfen können systematische oder zufällige Messfehler auftreten. Geben Sie Ursachen an, die zu diesen Maßabweichungen führen können.

Systematische Messfehler	**Zufällige Messfehler**

F Durchführung der Prozessfähigkeitsuntersuchung

Urliste der Passmaße 22j6

Messwerte **Anzahl der Stichproben**

Nr.	**1**	**2**	**3**	**4**	**5**	**6**	**7**	**8**	**9**	**10**
X_1	22,004	22,002	22,001	22,004	22,005	22,003	22,002	22,003	22,001	22,002
X_2	22,002	22,004	22,002	22,003	22,001	22,004	22,005	22,000	22,002	22,003
X_3	22,002	22,003	21,999	22,004	22,002	22,003	22,003	22,001	22,003	22,004
X_4	22,003	21,999	22,003	22,002	22,003	22,001	22,004	22,002	22,003	22,002
X_5	22,001	22,004	22,000	22,002	22,000	22,002	22,001	21,999	22,000	22,003
	6 Uhr	7 Uhr	8 Uhr	9 Uhr	10 Uhr	11 Uhr	12 Uhr	13 Uhr	14 Uhr	15 Uhr
Σx										
$\bar{x}$										
R										

① Addieren Sie die fünf Messwerte der einzelnen Stichproben zur Gesamtsumme Σx pro Stichprobe. Ermitteln Sie auch den Mittelwert $\bar{x}$ und die Spannweite R jeder Stichprobe. Tragen Sie die Werte in die Tabelle ein.

② Berechnen Sie den Gesamtmittelwert $\bar{\bar{x}}$ aller Messwerte und die mittlere Spannweite $\bar{R}$.

G Mittelwertkarte

① Tragen Sie den oberen und den unteren Grenzwert sowie die Toleranzmitte in die Mittelwertkarte ein. Berechnen Sie die obere und die untere Eingriffsgrenze für die Mittelwertkarte (vgl. Formeln S. 100) und zeichnen Sie die Linien in die Mittelwertkarte ein.

② Tragen Sie die berechneten arithmetischen Mittelwerte $\bar{x}$ in die Mittelwertkarte ein und verbinden Sie die Punkte des Prozessverlaufs.

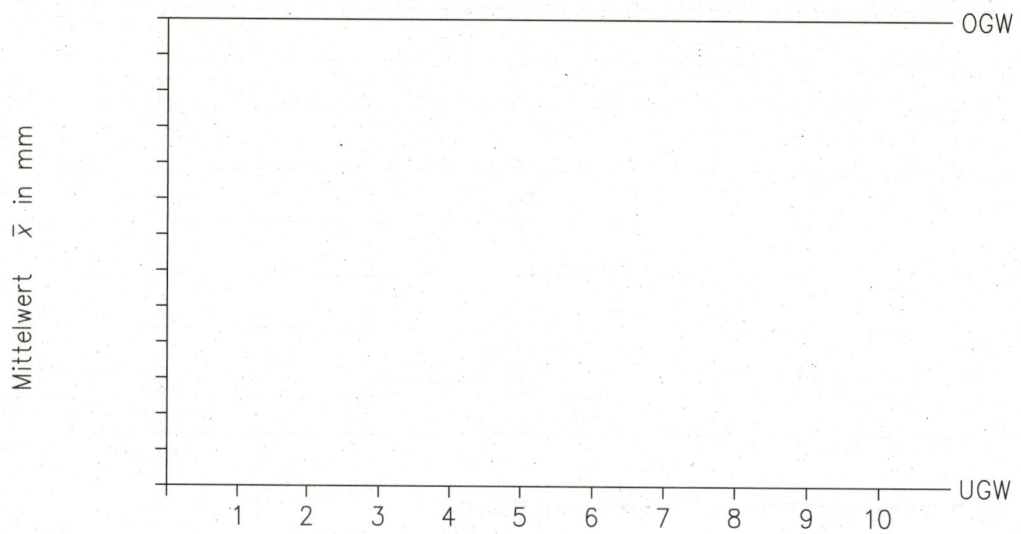

H Spannweitenkarte (R-Karte)

① Berechnen Sie die obere und die untere Eingriffsgrenze für die Spannweiten (vgl. Formeln auf S. 100) und tragen diese in die Spannweitenkarte ein.

② Zeichnen Sie die mittlere Spannweite $\bar{R}$ (vgl. Aufgabe F) in die Spannweitenkarte ein. Tragen Sie dann die Spannweiten R ein und verbinden Sie die Punkte des Prozessverlaufs.

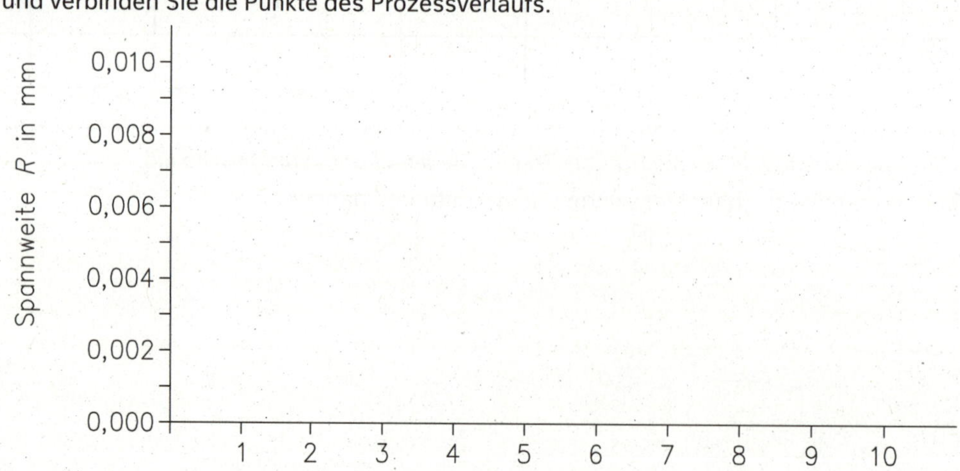

③ Bewerten Sie die Prozessverläufe in der Mittelwertkarte und in der Spannweitenkarte für das Projekt Ritzel.

④ Was kann aus einer Spannweitenkarte erkannt werden?

I Ermittlung der Prozessfähigkeit

① Berechnen Sie die geschätzte Standardabweichung $\hat{\sigma}$ und die Prozessfähigkeitskennwerte C_p und C_{pk}.
(Formeln siehe Tabellenbuch; vgl. auch S. 100)
Berechnen Sie auch Δ_{krit}.

② Beurteilen Sie die Prozessfähigkeit für die CNC-Fertigung bezogen auf den Durchmesser 22j6 am Projekt Ritzel.

③ Berechnen Sie für die Erstellung eines Histogramms aus der Urliste für das Projekt Ritzel S. 102/103 die Spann-weite R, die Anzahl der Klassen k und die Klassenweite w. Tragen Sie die Ergebnisse in die Tabelle unten ein und bestimmen Sie die absolute Häufigkeit n_j.

Klassen-Nr.	Klassengrenzen von ≥ bis <	Strichliste	Absolute Häufigkeit n_j

④ Erstellen Sie das Histogramm und skizzieren Sie die Verteilungskurve.

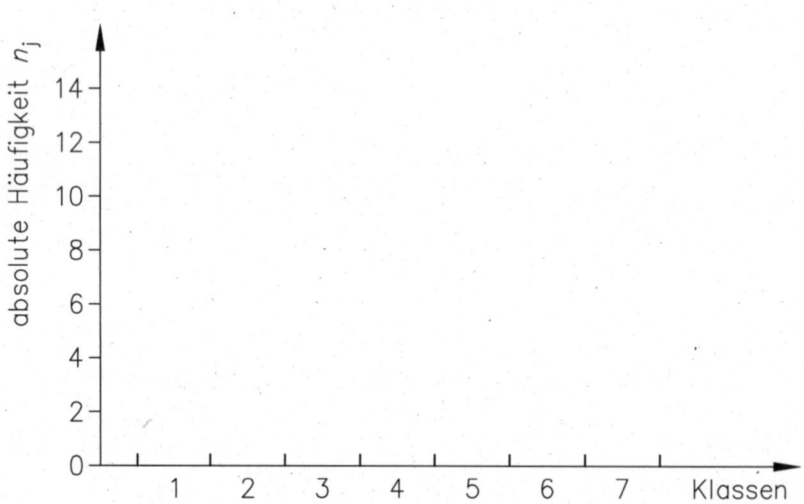

J Bewertung von Prozessen

① Bewerten Sie die abgebildeten Prozesse. Beachten Sie dabei die Streuung sowie die Lage und geben Sie mögliche Verbesserungen an.

C_p = Prozessstreubreite C_{pk} = Lage des Prozessmittelwerts

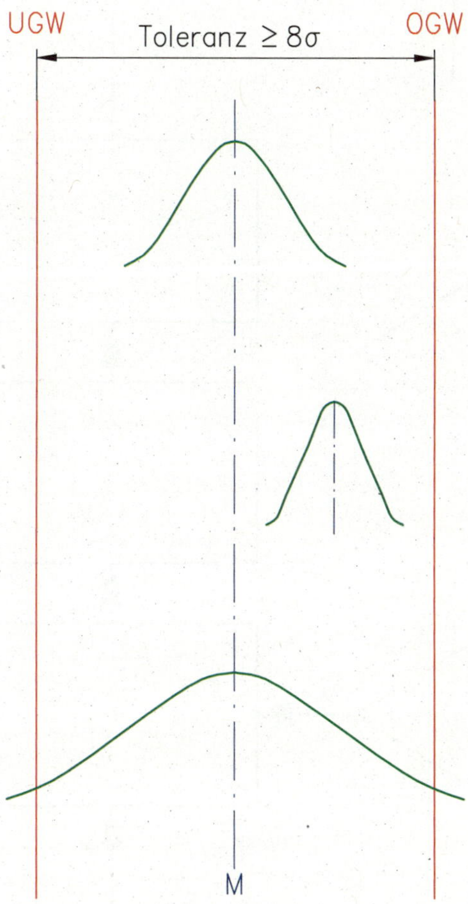

$C_p \geq 1{,}33$ $C_{pk} \geq 1{,}33$	
$C_p \geq 1{,}33$ $C_{pk} < 1$	
$C_p < 1$ $C_{pk} \geq 1{,}33$	

② Worin liegt der Unterschied zwischen der Maschinenfähigkeit und der Prozessfähigkeit?

Maschinenfähigkeit:

Prozessfähigkeit:

K Interpretieren einer Qualitätsregelkarte

Das Flussdiagramm zeigt Prozesssituationen im Produktionsverlauf.
Tragen Sie die fehlenden Maßnahmen in das Diagramm ein.

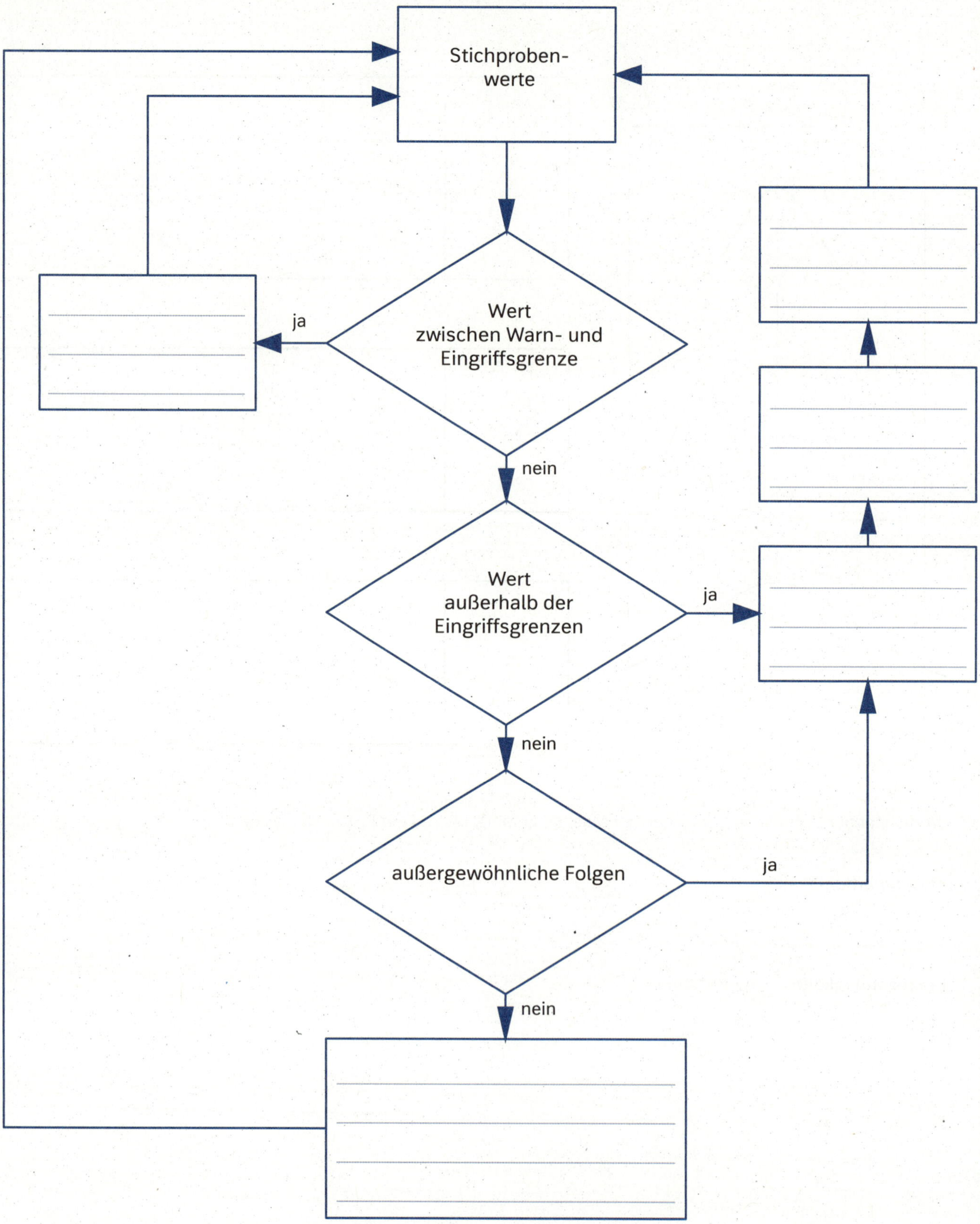

Bildquellenverzeichnis

|Albrecht Präzision GmbH & Co. KG – www.albrecht-germany.com, Wernau: 83.1, 83.2. |Di Gaspare, Michele (Bild und Technik Agentur für technische Grafik und Visualisierung), Bergheim: Titel, 5.2, 5.3, 5.4, 5.5, 5.6, 5.7, 5.8, 5.9, 5.10, 5.11, 5.12, 6.1, 6.2, 6.3, 6.4, 6.5, 6.6, 6.7, 6.8, 6.9, 6.10, 6.11, 6.12, 6.13, 6.14, 6.15, 7.1, 7.2, 7.3, 7.4, 8.1, 8.2, 9.1, 10.1, 10.2, 10.3, 10.4, 10.5, 10.6, 10.7, 10.8, 10.9, 11.1, 11.4, 13.1, 13.2, 13.3, 13.4, 14.1, 14.2, 14.3, 14.4, 14.5, 14.6, 15.1, 17.2, 17.3, 20.1, 23.1, 23.2, 25.1, 25.2, 25.3, 25.4, 30.1, 30.2, 31.1, 31.2, 34.1, 35.1, 35.2, 35.3, 35.4, 36.1, 37.1, 38.1, 38.2, 39.1, 39.3, 40.1, 40.2, 41.2, 41.3, 42.1, 42.2, 44.1, 44.2, 46.1, 46.2, 46.3, 47.1, 47.2, 48.1, 49.1, 53.1, 55.1, 55.2, 55.3, 55.4, 55.5, 55.6, 55.7, 55.8, 55.9, 56.1, 56.2, 56.3, 56.4, 56.5, 56.6, 58.1, 60.1, 62.1, 63.1, 64.1, 65.1, 65.2, 66.1, 66.2, 67.1, 68.1, 68.2, 71.1, 71.2, 71.3, 71.4, 73.1, 73.2, 74.1, 74.2, 74.3, 74.4, 74.5, 74.6, 74.7, 74.8, 81.1, 85.4, 86.1, 87.1, 87.2, 87.3, 91.2, 92.2, 92.3, 92.4, 92.5, 92.6, 97.1, 98.1, 99.1, 100.1, 101.1, 101.2, 101.3, 101.4, 101.5, 101.6, 101.7, 104.1, 104.2, 106.1, 107.1. |DMG MORI AKTIENGESELLSCHAFT, Bielefeld: Titel, 53.2, 54.1, 91.1, 92.1. |ECOROLL AG Werkzeugtechnik, Celle: 18.1, 18.2, 18.3. |Frisch, Heinz, Königsbrunn: 11.2, 11.3. |Hermle AG, Gosheim: Titel, 90.1, 90.2. |Knuth Werkzeugmaschinen GmbH – www.knuth.de, Wasbek: 50.1, 50.2. |KUKA Roboter GmbH, Gersthofen: 51.1, 70.1, 72.1. |micro abrasives GmbH, Steinenbronn: 16.1. |Peter Wolters GmbH, Rendsburg: 17.1. |SCHUNK GmbH & Co KG, Lauffen/Neckar: 84.1, 84.2, 85.1, 85.2, 85.3. |stock.adobe.com, Dublin: corund 5.1. |TANDLER Zahnrad- und Getriebefabrik GmbH & Co. KG, Bremen: 19.1, 76.1, 95.1, 102.1, 102.2. |ZwickRoell GmbH & Co. KG, Ulm: 39.2, 41.1.

Wir arbeiten sehr sorgfältig daran, für alle verwendeten Abbildungen die Rechteinhaberinnen und Rechteinhaber zu ermitteln. Sollte uns dies im Einzelfall nicht vollständig gelungen sein, werden berechtigte Ansprüche selbstverständlich im Rahmen der üblichen Vereinbarungen abgegolten.